U0034042
來做一盤簡單的
義大利麵吧！

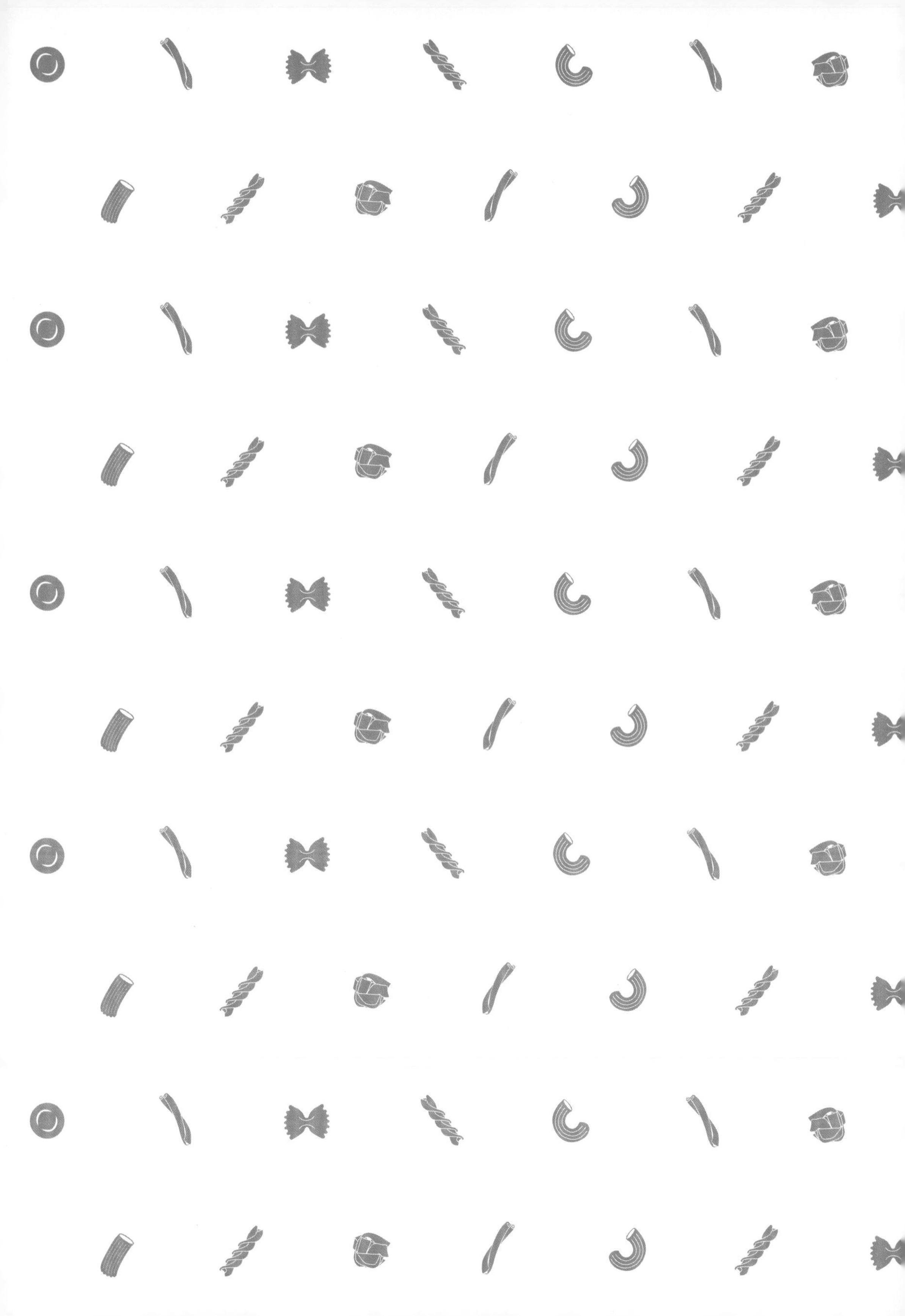

簡單又美味的義大利麵

盛裝在盤中的溫熱暖意，

還有讓人食指大動的香氣

PASTA

不是複雜備感困難的義大利餐點，

而是洋溢溫暖家庭料理的樸實義大利麵——

雖然許多聽過的名字可能很熟，

實際卻不太清楚究竟是什麼，

絕對想學做一次的**經典款義大利麵**

利用冰箱裏熟悉的食材做出家常菜般的**簡易義大利麵**

和家人共進豐盛晚餐、

款待親朋好友都很美味實用的**義大利麵特餐**

想把心意傳達給重要的人的時候，

需要一盤專屬自己的療癒料理時，

請翻開《簡單又美味的義大利麵》吧。

跟著食譜動手做之前的 **必讀須知**

本書一共介紹了70種義大利麵，以及適合搭配義大利麵享用的7種配菜。
跟著食譜動手做之前，請先來了解一下本書食譜的組成方式吧。

用顏色區分醬汁種類

醬汁的種類是用顏色區分，油醬基底是綠色，番茄紅醬是紅色，奶油白醬則以橘色標示，這樣就可以輕鬆找到想要的義大利麵醬汁基底囉。

所有食譜都是2人份！
分量正確，無負擔的一餐

清楚標示重量（g）和用手粗估的分量，也介紹了許多可以替代的食材。所有義大利麵食譜的基準都是2人份，而1人份的義大利麵約在60～80g之間，可以好好享受無負擔的一餐。

詳細的1:1步驟照片

附上各步驟的所有照片，就算是超級料理新手也能輕鬆跟著做。烹煮義大利麵的時間都標示為「包裝上的時間」，如此便能煮出「Al dente（彈牙）」口感的美味義大利麵。

有趣的義大利麵故事

除了料理之外，每一章也包含了適合增進知識的短文。從介紹義大利麵由來和歷史的「義大利麵的故事」，到用在義大利麵中的「樸實的食材故事」，還有介紹簡單料理技巧的「料理祕訣故事」，以及讓義大利麵在視覺上更加驚豔的「裝盤的故事」，增添料理的趣味。

義大利麵**料理前須知**

義大利麵是比想像中還要簡單的家庭料理之一，
製作前有幾個雖然看似瑣碎但務必要記住的重點，事先了解之後，
就能做出不會失敗的美味義大利麵。

1

煮麵水要多

煮過義大利麵的煮麵水建議比食譜上的用量再多留一些。因為每個家庭的爐火強度不一，而且煮麵水很容易蒸發，**覺得水分不夠或想吃到更滑順口感的時候，請再一點一點加入煮麵水吧。**

料理杓和筷子的默契組合

製作醬汁或翻炒食材時建議使用料理杓，放入義大利麵之後則推薦使用筷子翻炒。熬煮番茄紅醬和奶油白醬過程需要持續攪拌，所以用料理杓，放麵之後改成用筷子則更容易拌炒。不過如果是短的義大利麵條，繼續使用料理杓烹煮會比較方便。

控制料理時間

《簡單又美味的義大利麵》書中除了部分食譜外，幾乎所有料理的步驟①都是煮麵。接下來不需要等到麵完全煮好後才開始進行步驟②，而是要在**等水煮滾的同時開始做下面的步驟**，才能妥善節省料理的時間。假如在醬汁完成時義大利麵還沒有煮好，**裝有醬汁的鍋子可以先關火靜置，等麵煮好後再進行後續步驟。**

先處理海鮮食材

如果是對處理海鮮不太有自信的料理新手，請在烹調前先將海鮮類處理乾淨。食譜中用到的透抽、蝦、貝類等都是使用已經處理乾淨的海鮮產品，也可以參考頁面中的海鮮處理方式。

Contents

Basic Lesson

12 義大利麵的組成三要素
14 義大利麵的故事
16 各式義大利麵
18 煮得好！義大利麵的煮法
19 柔軟帶有Q彈的義大利生麵

22 三種醬汁的故事
23 爽口而清淡的油醬基底醬汁
24 新鮮酸香的番茄紅醬
26 濃郁香醇的奶油白醬

Guide

4 跟著食譜動手做之前的必讀須知
5 義大利麵料理前須知
28 食譜中那些陌生的食材們
30 義大利麵的9種料理工具
32 義大利麵的計量指南
33 簡單又有趣的義大利麵計量法
195 Index

Chapter_1

絕對想學做一次的**經典款義大利麵**

36
香蒜橄欖油
義大利細圓麵

38
醃鯷魚
義大利麵

40
蛤蜊清炒
義大利麵

42
羅勒青醬
細圓麵

44
拿坡里
義大利麵

46
番茄義大利麵

48
辣椒番茄
斜管麵

50
煙花女
義大利麵

52
漁夫
義大利細圓麵

54
波隆那
肉醬千層麵

57
粉紅醬瑞可塔
起司義大利餃

60
培根蛋
義大利細圓麵

62
奶油白醬
義大利寬扁麵

64
拱佐諾拉奶油
義式麵疙瘩

Chapter_2

用冰箱食材輕鬆完成的**簡易義大利麵**

OIL SAUCE

70 泡菜香蒜橄欖油義大利麵

72 茄子大醬義大利麵

74 橄欖醬義大利細圓麵

76 香蒜墨西哥辣椒麵

78 甜椒麻花捲麵

80 豆腐義大利細圓麵

82 黃太魚乾解酒義大利麵

84 菠菜培根義大利麵

86 明太子奶油義大利細圓麵

88 辣味鮮蝦節瓜細扁麵

90 辣味魚板義大利麵

92 鮈仔魚乾細圓麵

94 雞肉咖哩細扁麵

96 酪梨醬貓耳朵冷麵

TOMATO SAUCE

98 卡布里風細圓麵

100 莫札瑞拉起司焗烤麵

102 番茄蛤蜊義大利麵

104 半熟蛋義大利細扁麵

106 洋蔥湯義大利細圓麵

108 香腸蒜苔義大利麵

110 鮪魚番茄斜管麵

112 蟹肉粉紅醬義大利麵

114
墨西哥辣肉醬
斜管麵

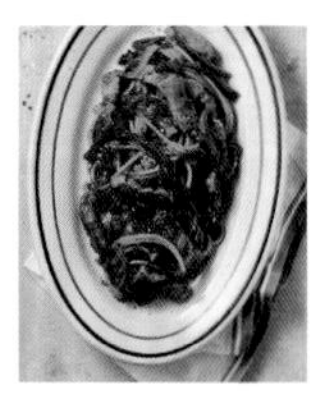
116
香辣五花肉
義大利麵

118
煙燻鴨
義大利細扁麵

120
辣雞粉紅醬
寬扁麵

122
小章魚辣味
細扁麵

124
肉丸寬版
鳥巢麵

CREAM SAUCE

126
明太子白醬
義大利麵

128
牡蠣白醬
吸管麵

130
墨西哥辣椒
白醬寬扁麵

132
核桃白醬
斜管麵

134
香烤大蔥
白醬細扁麵

136
南瓜白醬
寬扁麵

138
切達起司
斜管麵

140
泡菜白醬
義大利麵

142
飛魚卵培根
細扁麵

144
羅勒白醬
蕈菇水管麵

146
玉米白醬
麻花捲麵

148
鬥魂義大利麵

150
雞胸芥末籽醬
寬扁麵

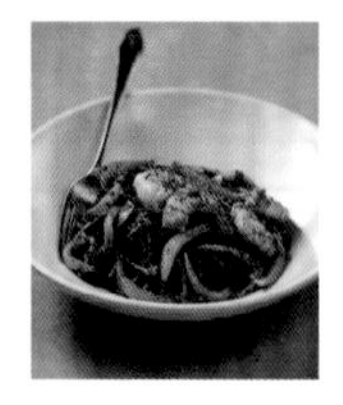
152
黑芝麻鮮蝦
墨魚麵

Chapter_3

共進晚餐，適合待客的**義大利麵特餐**

Plus Tip

現學現賣，最實用的
待客款義大利麵#

156

158
羅勒起司香醋義大利麵＋
蛤蜊巧達濃湯貓耳朵麵

162
堅果蝴蝶結冷麵＋
烤鮭魚白醬義大利麵

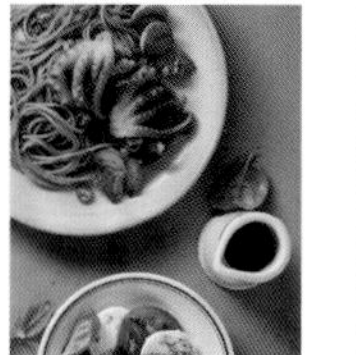

166
蔘雞補身義大利麵＋
四川海鮮細扁麵

170
牛排紫蘇籽白醬義大利麵＋
蒜香長腕章魚麵

174
長崎解酒義大利湯麵＋
土魠魚清炒細扁麵

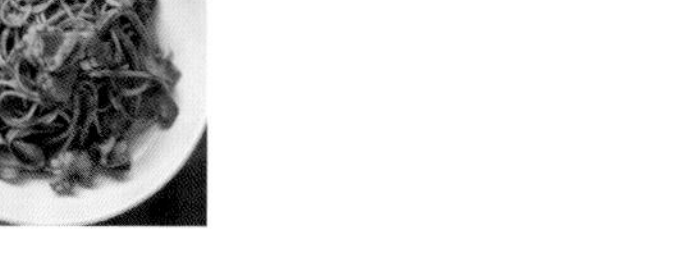

178
塔可義大利冷麵＋
鮮蝦檸檬奶油細扁麵

182
泰式炒義大利麵＋
鮑魚蒜香義大利麵

Basic Lesson

適合搭配義大利麵享用的
配菜料理

香蒜麵包 188
醋漬蘆筍 189
醋漬烤甜椒 190
羅勒醬卡布里沙拉 191
濃郁凱薩沙拉 192
地中海風沙拉 193
烤蔬菜醬沙拉 194

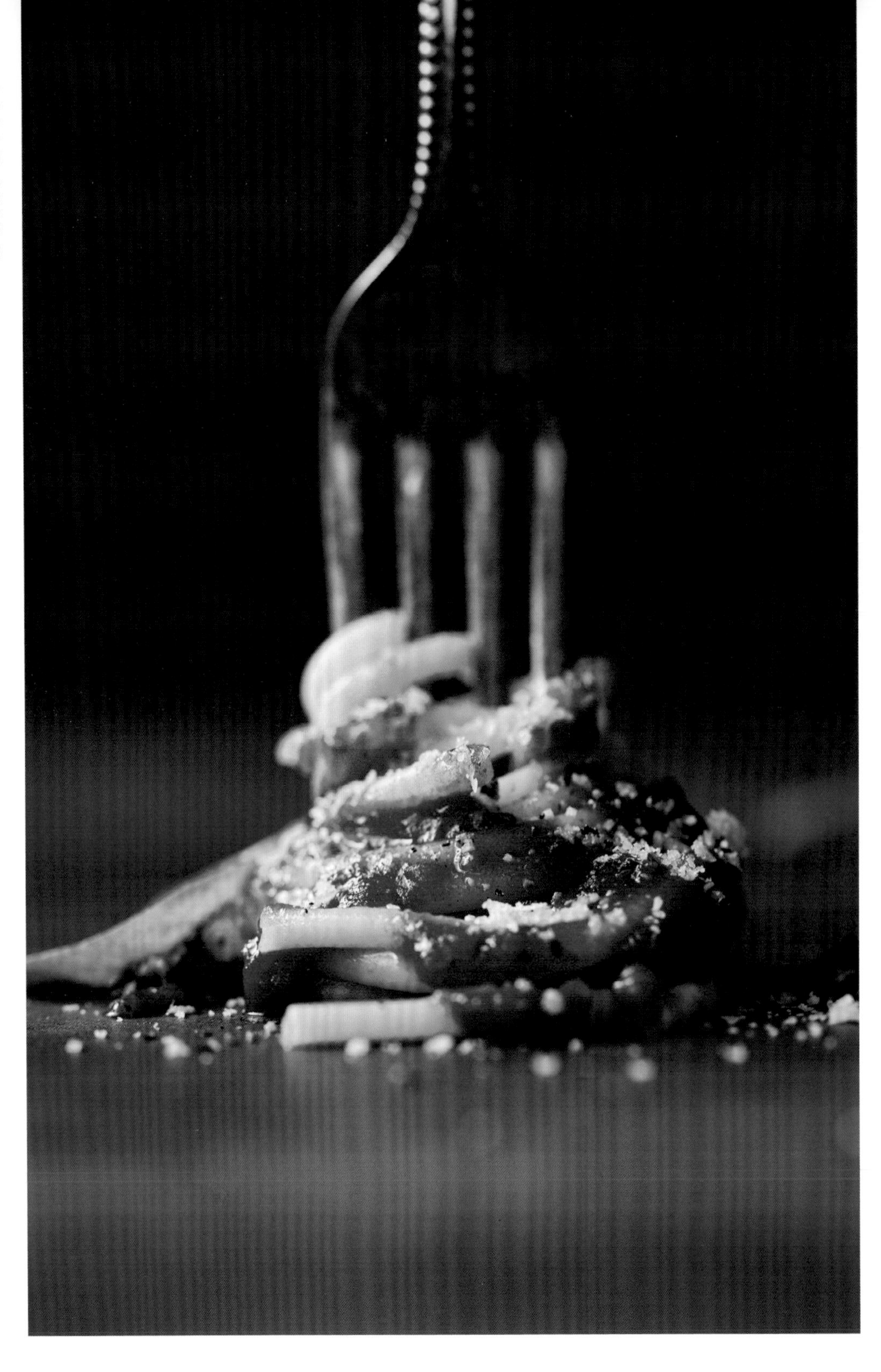

PASTA
=
SPAGHETTI
?

聽到「Pasta」這個單字的時候，各位會想到什麼呢？

還是會想起有著大量紅色番茄醬汁的義大利麵嗎？

當然番茄醬汁的義大利麵（Spaghetti）也是Pasta的一種沒錯，

但Pasta其實比Spaghetti有著更廣泛的意思。

那麼Pasta究竟是什麼呢？

所謂的Pasta，就是利用麵粉等粉類製成麵條形狀的食品的統稱。

這個詞不只是指一道料理，也可以用來指麵食產品本身。

Pasta的麵團可以製成直圓麵、寬扁麵、斜管麵、螺旋麵等各種麵條，

而香蒜橄欖油義大利麵、蛤蜊清炒義大利麵等料理也都是Pasta的一種。

Pasta就像這樣是食材，也是料理，但它並不是一道定型的料理，

而是可以讓享用的人依喜好選擇和組合，是一種擁有千變萬化面貌的料理。

它會依使用的醬汁不同而有不同風味，就算是同樣的醬汁，

也會因食材分量、比例上的不同讓味道產生變化。

調和與搭配的美學

義大利麵的
組成三要素

麵

一般而言，長形的直條麵適合用來清炒，
寬扁麵或寬版鳥巢麵等表面積較大的麵適合搭配奶油白醬或義式肉醬（Ragù），
長度較短，麵體表面多凹凸的短麵則適合搭配各種醬汁。
但**醬汁和麵體的組合並沒有絕對。**
因為讓麵和醬汁搭配出新的風味，正是義大利麵最大的魅力之一。
要是不知道該從種類多樣的義大利麵中選哪一種，可以參考p.16的內容。

醬汁

如果說麵體是選擇的問題，那麼**醬汁部分最重要的則是「個人偏好」。**
假如喜歡俐落的味道，推薦清炒的油醬基底醬汁（參考p.23），
喜歡酸爽的滋味可以選番茄紅醬（參考p.24），想品嘗香濃滑順的風味的時候，
則會想吃奶油白醬（參考p.26）吧。
所有義大利麵醬汁用量都建議適中就好，比起盤子裏一大片溼溼的，
剛好適合拌勻麵條的醬汁分量是最恰當的。

食材

食材的角色是讓義大利麵的味道和外觀更加豐富，
而且義大利麵的名字也是依加入的食材決定的。
為了呈現出就像家常菜般親切的義大利麵料理，
除了主要使用的蔬菜、海鮮、肉類之外，本書中也用了各式各樣的韓國食材。
以麵、醬汁搭配食材組合出絕妙滋味的義大利麵。
別忘了最重要的是這三個要素必須相互調和，才能達到**味道的平衡**。

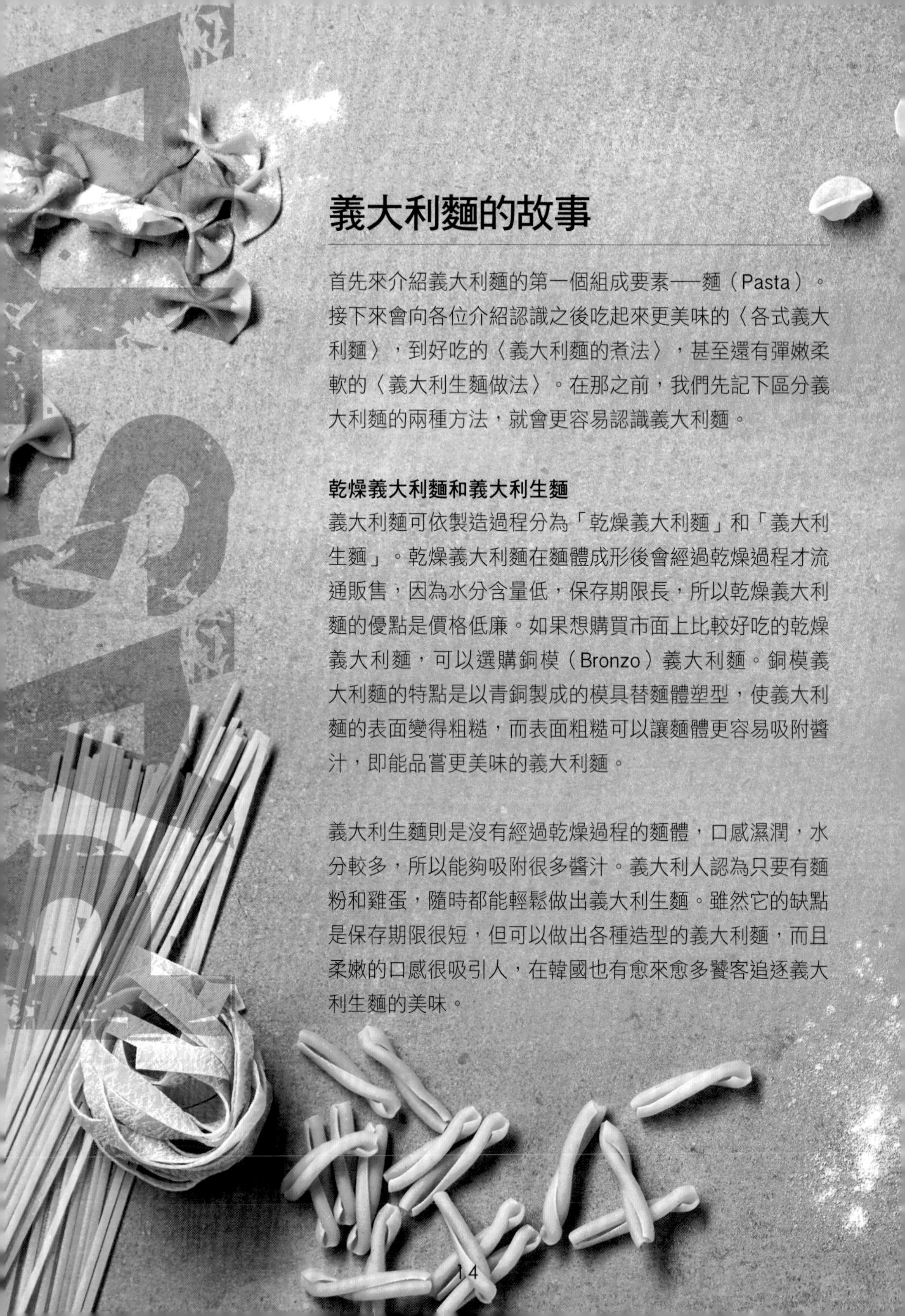

義大利麵的故事

首先來介紹義大利麵的第一個組成要素──麵（Pasta）。接下來會向各位介紹認識之後吃起來更美味的〈各式義大利麵〉，到好吃的〈義大利麵的煮法〉，甚至還有彈嫩柔軟的〈義大利生麵做法〉。在那之前，我們先記下區分義大利麵的兩種方法，就會更容易認識義大利麵。

乾燥義大利麵和義大利生麵

義大利麵可依製造過程分為「乾燥義大利麵」和「義大利生麵」。乾燥義大利麵在麵體成形後會經過乾燥過程才流通販售，因為水分含量低，保存期限長，所以乾燥義大利麵的優點是價格低廉。如果想購買市面上比較好吃的乾燥義大利麵，可以選購銅模（Bronzo）義大利麵。銅模義大利麵的特點是以青銅製成的模具替麵體塑型，使義大利麵的表面變得粗糙，而表面粗糙可以讓麵體更容易吸附醬汁，即能品嘗更美味的義大利麵。

義大利生麵則是沒有經過乾燥過程的麵體，口感濕潤，水分較多，所以能夠吸附很多醬汁。義大利人認為只要有麵粉和雞蛋，隨時都能輕鬆做出義大利生麵。雖然它的缺點是保存期限很短，但可以做出各種造型的義大利麵，而且柔嫩的口感很吸引人，在韓國也有愈來愈多饕客追逐義大利生麵的美味。

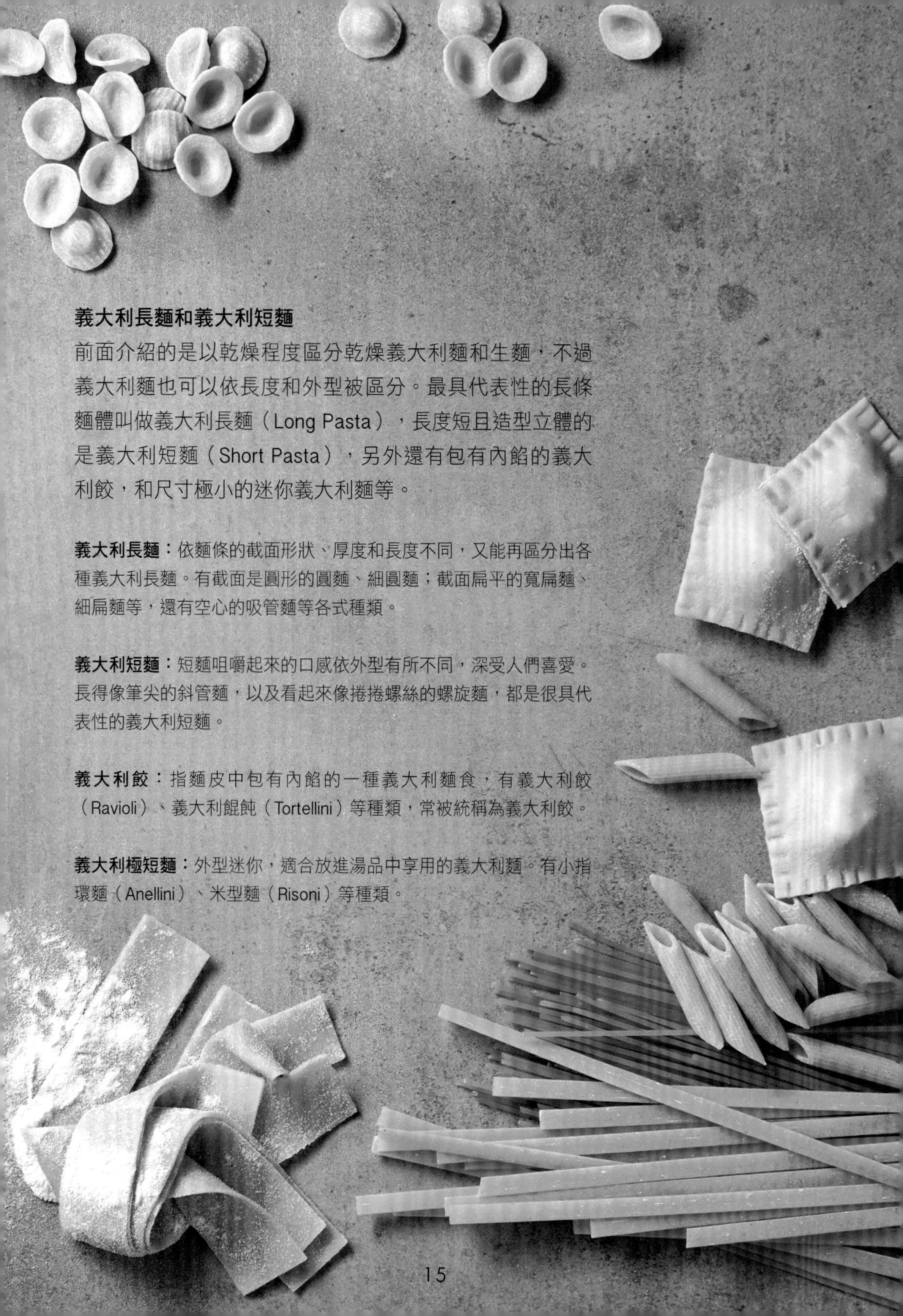

義大利長麵和義大利短麵

前面介紹的是以乾燥程度區分乾燥義大利麵和生麵，不過義大利麵也可以依長度和外型被區分。最具代表性的長條麵體叫做義大利長麵（Long Pasta），長度短且造型立體的是義大利短麵（Short Pasta），另外還有包有內餡的義大利餃，和尺寸極小的迷你義大利麵等。

義大利長麵：依麵條的截面形狀、厚度和長度不同，又能再區分出各種義大利長麵。有截面是圓形的圓麵、細圓麵；截面扁平的寬扁麵、細扁麵等，還有空心的吸管麵等各式種類。

義大利短麵：短麵咀嚼起來的口感依外型有所不同，深受人們喜愛。長得像筆尖的斜管麵，以及看起來像捲捲螺絲的螺旋麵，都是很具代表性的義大利短麵。

義大利餃：指麵皮中包有內餡的一種義大利麵食，有義大利餃（Ravioli）、義大利餛飩（Tortellini）等種類，常被統稱為義大利餃。

義大利極短麵：外型迷你，適合放進湯品中享用的義大利麵。有小指環麵（Anellini）、米型麵（Risoni）等種類。

認識之後吃起來更美味的 **各式義大利麵**

義大利麵的種類繁多，在此介紹本書中有使用，而且最容易在市面上買到的幾種乾燥義大利麵。請選擇符合自己喜好的麵體吧。

1 2 3 4 5

可代替使用的義大利麵

天使髮絲麵→細圓麵
細圓麵→圓麵、細扁麵
圓麵→細圓麵、細扁麵
寬扁麵→細扁麵、寬版鳥巢麵、吸管麵
吸管麵→寬扁麵、細扁麵
細扁麵→圓麵、寬扁麵
寬版鳥巢麵→寬扁麵、吸管麵
義大利短麵→斜管麵、螺旋麵、麻花捲麵、貓耳朵麵、蝴蝶結麵、通心粉、水管麵

1. 天使髮絲麵 Capellini、Angel hair

義大利文「capelli d'angelo」意即「天使的髮絲」，這種髮絲麵的烹煮時間非常短，稍微一不注意很容易煮到糊掉，要小心。它適合用爽口的清炒方式料理，也和清爽的番茄醬汁很搭。

2. 細圓麵 Spaghettini

比圓麵細，又比天使髮絲麵粗的一種義大利麵，非常適合用清炒方式料理。

3. 圓麵 Spaghetti

全世界最有名的義大利麵之一。它的名字來自繩子的義大利文「Spago」，適合搭配各式醬汁。

4. 寬扁麵 Fettuccine

比圓麵更寬更厚，有嚼勁，表面積很大，適合搭配奶油白醬、粉紅醬等基底。通常會捲成鳥巢狀乾燥，也有維持長條狀乾燥的商品。

5. 千層麵 Lasagna

千層麵可以說是所有義大利麵的始祖，口感佳且不容易軟爛。一般會在每層塗上醬料，再送入烤箱一次焗烤享用。

6

7

6. 吸管麵 Bucatini

中央是空心的，長得像吸管一樣的義大利麵。空心的麵體可以更快熟透，而且可吸附許多醬汁，讓義大利麵變得更好吃。

7. 細扁麵 Linguine

它的義大利文名字意思是「小舌頭」，外型看起來就像把圓麵壓扁一樣。它有時也被稱為「Bavette」，和各種醬汁都很搭。

8

8. 寬版鳥巢麵 Pappardelle

這種義大利麵的名字是從意為「貪吃」的義大利文「Pappare」而來。一般的寬度在2～3cm左右，比寬扁麵更寬。適合搭配白醬、番茄紅醬等濃稠的醬汁。

9

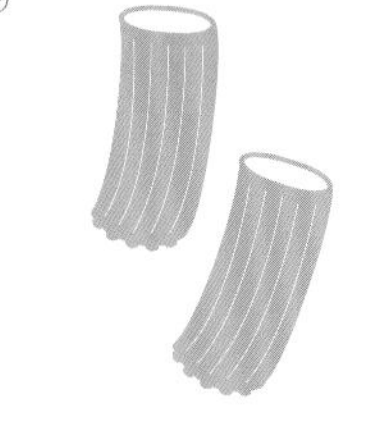

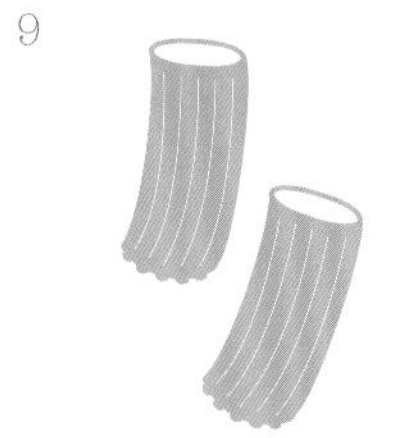

9. 水管麵 Rigatoni

它的特徵是管狀外型和表面的紋路，中央的孔洞偏大，所以能充分填入醬料，適合搭配各式醬汁和食材一起享用。

10. 螺旋麵 Fusilli

特徵是螺旋狀的外型。口感具有韌性，表面的溝槽很能吸附醬汁，搭配任何醬汁皆可。

11

11.斜管麵 Penne

因為長得像筆尖一樣，所以也被稱為筆尖麵。中央是空心的孔洞，所以能充分吸附醬汁。

12

12.麻花捲麵 Casareccia

從截面看起來好像寫了一個「S」，向兩側捲入的溝槽可以吸附醬汁，放入口中時能品嘗到讓人愉悅的口感。

13.通心粉 Macaroni

外型就是一截一截的細管狀義大利麵，常被用來作為沙拉的材料，是我們很熟悉的食材。尺寸很小，適合用在沙拉、濃湯類料理。

14

14.蝴蝶結麵 Farfalle

名字來自於義大利文的蝴蝶「Farfalla」，外型非常可愛。最常被用在冷盤沙拉上。

15.貓耳朵麵 Orecchiette

其義大利文名字有「耳朵」的意思，而外型也長得和耳垂很像。凹陷的造型能沾附醬汁，讓麵體變得更加美味。

煮得好！**義大利麵的煮法**

為了做出好吃的義大利麵，把麵煮好是件非常重要的事。
只要義大利麵煮得好，直接單純吃麵也能感受到它本身的美味。
其實想要完美煮出熟度適中的義大利麵並不難，只要牢記以下四個規則即可。

1 用大鍋 水放多多

在大的深鍋裏裝入大量的水，再以大火煮開。這時要用的水量**以2人份的義大利麵（約2把，140～160g）為基準，大約是10杯左右。**一次煮的量最好在 2 人份內，如果要煮更多人份的，建議分開煮熟，這是能煮出最美味麵條的黃金秘訣。

2 鹽占 水量的1%

水煮開之後，要加入替義大利麵增添風味的鹽巴。本書中的煮麵水若之後料理時沒有要使用，比例是**10杯的水加入2大匙的鹽。**但若料理時會用到鹹味較重的貝類，可以把鹽巴分量減至1/2～1大匙，使整體的調味更適中。

3 要彈牙 或柔軟

將義大利麵一口氣放入滾水中，再把火力轉至中火，為了避免大滾溢出，在煮麵的中途要攪拌一、兩次。**烹煮時間比包裝上標示的縮減1～2分鐘**，就能把麵煮成中間保留白色麵芯的**彈牙（al dente）狀態**。如果喜歡軟Q的口感，可依照包裝上的時間烹煮再進行料理即可。

4 煮麵水 另外留起來

煮完義大利麵之後，你都是直接把煮麵水倒進水槽嗎？用麵勺把麵撈出來之前，請先**依照之後要用的量把煮麵水另外保留起來。**建議留得比食譜上的分量更多一點。當醬汁太濃稠或不夠的時候，煮麵水都會是義大利麵最強力的救援投手喔。

切記！

1. 義大利麵煮好之後 不要沖冷水！
如果用冷水沖洗義大利麵，會使麵體表面的澱粉膜脱落，到時吃起來會無法與醬汁融合，有種分開的感覺。

2. 煮義大利麵的時候 不要加橄欖油！
加入橄欖油會形成油膜，妨礙鹽分的滲透；而據説橄欖油能避免義大利麵在煮的時候黏在一起，但其實效果並不大。只要在烹煮時輕輕攪拌一、兩次就沒問題了。

3. 萬一麵煮好之後沒辦法 立刻料理？
要是沒辦法馬上料理煮好的麵，可以稍微倒入一些橄欖油拌勻，以避免麵體乾燥。

柔軟帶有彈Q的**義大利生麵**

在杜蘭粗粒小麥粉中加入水或雞蛋，揉製成麵團後製作的義大利生麵。
在此介紹經過多次測試，在家裏也能享受特有口感軟Q的義大利生麵做法。
如果沒有粗粒小麥粉，也可以使用中筋麵粉，
不要覺得困難，動手挑戰一下吧。

製作義大利生麵麵團

這是用來製作義大利生麵的基礎麵團（2 人份）。如果買不到杜蘭粗粒小麥粉，也可以用家裡的中筋麵粉代替，雖然會少了一點義大利生麵獨特的 Q 彈口感，但吃起來會更加柔軟。

- 杜蘭粗粒小麥粉3/4杯
  （或中筋麵粉1杯，100g）
- 雞蛋1個
- 鹽少許
- 橄欖油1小匙
- 溫水1小匙＋少許

1 在大碗中放入杜蘭粗粒小麥粉，中央挖出凹洞。放入雞蛋、鹽和橄欖油，用叉子把雞蛋攪散，並均勻混合所有材料。

2 等到粉團呈現鬆散結塊狀，再慢慢一點一點加入水分，直到麵團可以揉成一整塊為止。

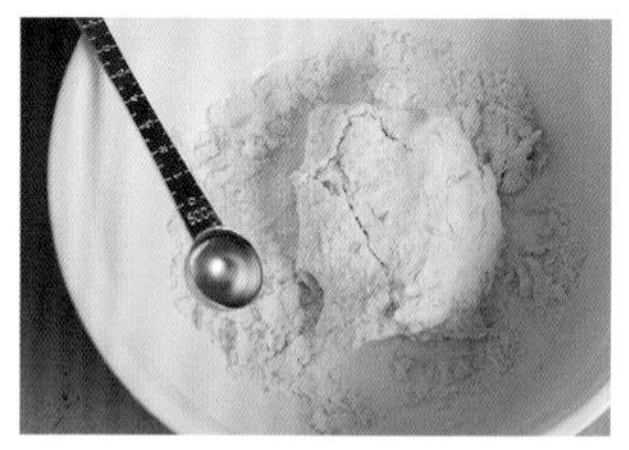

3 如果還留有無法結成團的殘粉，表示水分不夠，這時請逐步分次加水，每次只1/2小匙，直到麵團成型為止。

★加太多水的話，麵團靜置鬆弛後會變得太軟爛，請務必注意。

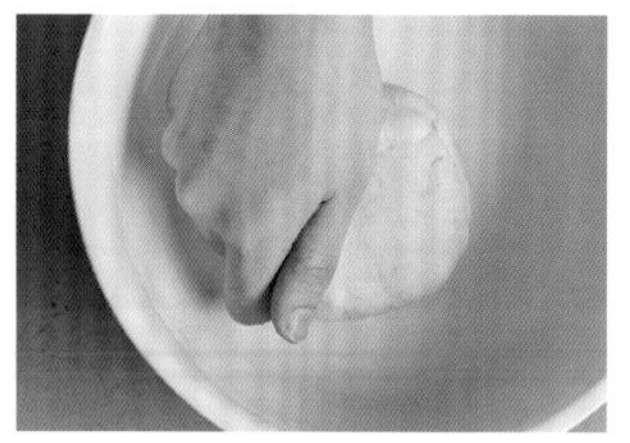

4 從底部將麵團翻起壓下，持續重複揉捏5分鐘。

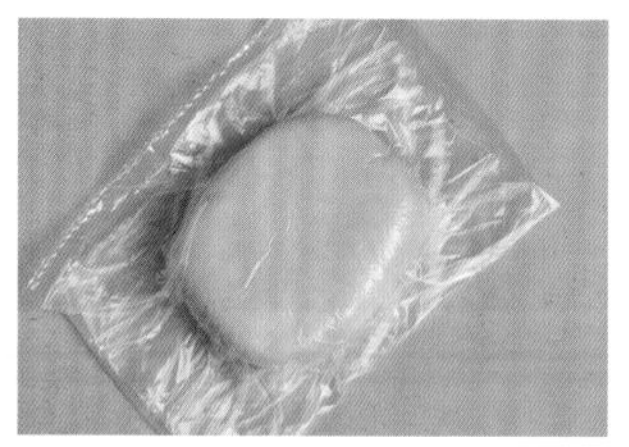

5 將完成的麵團放入乾淨塑膠袋，排出空氣後放在室溫下靜置1小時。

用製麵機擀麵

將麵團用製麵機擀平，是製作長麵、千層麵、義大利餃、蝴蝶結麵時需要的過程。若沒有製麵機（參考 p.31），請參考「用擀麵棍擀麵（p.21）」將麵團擀平。

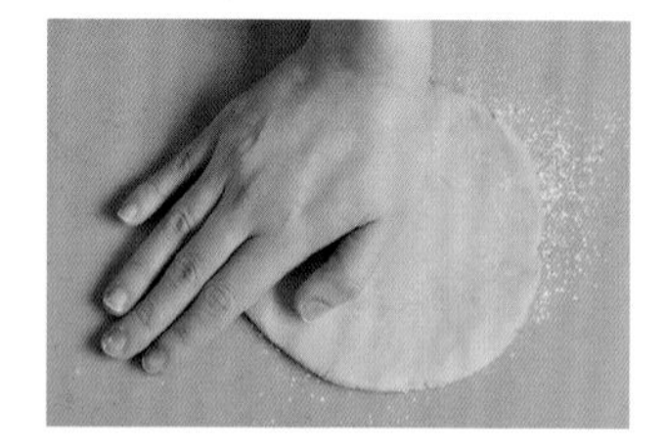

1 撒上少許手粉（麵粉），用手將麵團壓平，壓到可以放進製麵機的厚度為止。

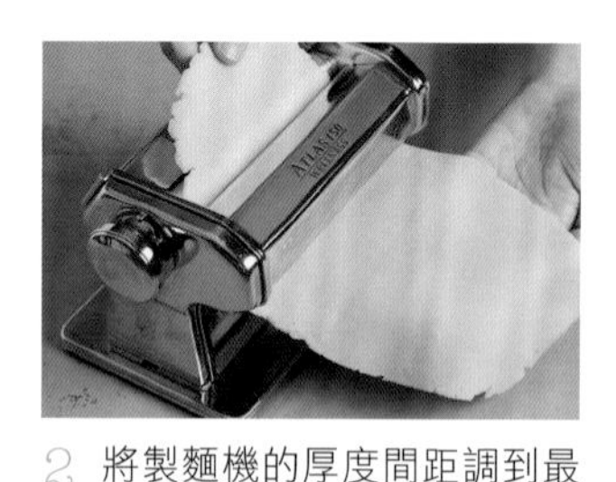

2 將製麵機的厚度間距調到最厚的一格，放入麵皮開始壓製。

★如果中途改變放入麵皮的方向，壓出來的麵口感會有斷裂感，請盡可能維持同一方向放入麵皮。

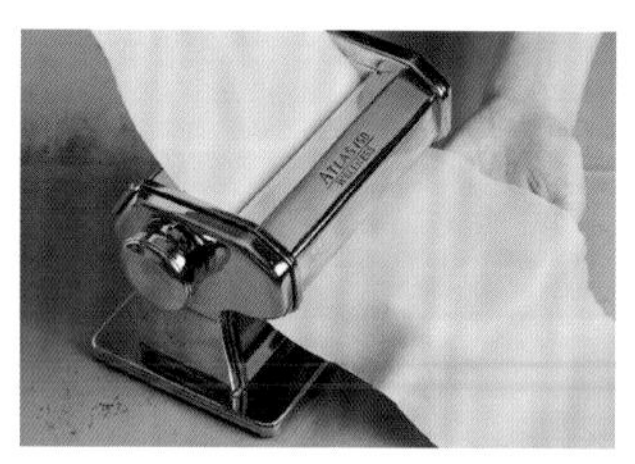

3 持續依同個方向壓製麵皮，並一格一格調整，依序將厚度縮小，逐漸調整至想要的厚薄度為止。★如果是附有切麵器的製麵機，可緊接繼續進行切麵步驟。

製作長麵

如果製麵機是只能擀麵的機型，便可以使用以下方法切麵。如果是中筋麵粉做的麵團，因為質地較柔軟的關係，可以用擀麵棍擀成麵皮後再切成長麵。

用擀麵棍擀麵
沒有製麵機的話也可以用擀麵棍將麵團擀平。不過，要將結實的義大利麵團擀平是非常費力的，所以比起做長麵，更推薦做成短麵。把靜置過的麵團搓成長條狀，就可以做成貓耳朵麵，或者捲在筷子上做成螺旋麵。麵團用擀麵棍擀平後，也可以做成義大利餃、蝴蝶結麵等。

烹煮方式
義大利生麵比乾燥義大利麵更容易煮糊，所以必須在短時間內煮好。本書中介紹的義大利生麵只需在滾水中煮3～4分鐘，建議等麵體浮起來之後撈一點起來試吃，更能控制想要的熟度。

保存方式
・冷藏／將棉布鋪在托盤上，撒上粗粒小麥粉。再把義大利麵（長短不限）放上去，之後再撒一層粗粒小麥粉，蓋上棉布即可冷藏保存。（1天）
・冷凍／長麵──冷凍可能會使義大利長麵的形狀被破壞，因此不建議冷凍。
短麵──將烘焙紙鋪在托盤上，放上義大利麵之後再用保鮮膜包起來急速冷凍。冷凍後的麵可以裝進夾鏈袋中冷凍保存。（7天）

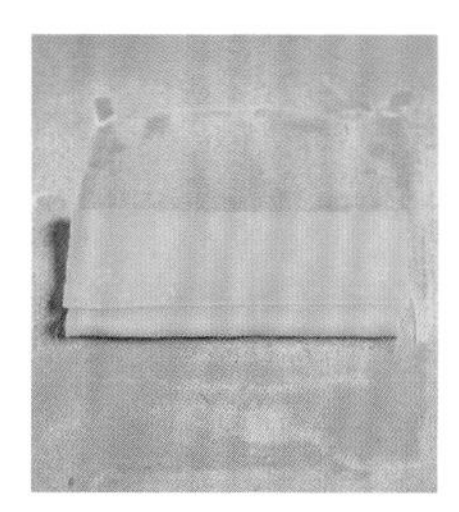

寬扁麵（Fettuccine，厚2mm／長23cm／寬0.8～1cm）
在擀平的麵皮上撒上足量的手粉，摺成3等分後，再切成寬0.8～1cm的麵條。

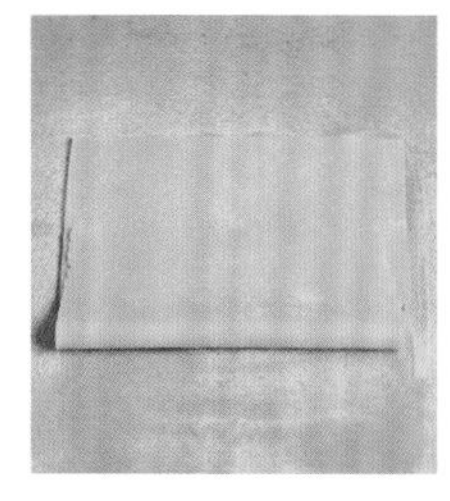

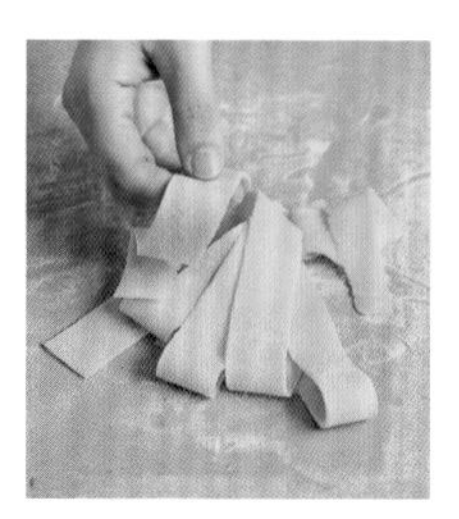

寬版鳥巢麵（Pappardelle，厚1mm／長20cm／寬3cm）
在擀平的麵皮上撒上足量的手粉，摺成3等分，再切成寬3cm的麵條。

製作短麵

這是沒有製麵機時，最適合用基礎麵團製作的兩種義大利短麵，完成基礎麵團後就能直接製作。要做蝴蝶結麵的話，建議先盡量將麵團擀成最薄的麵皮。

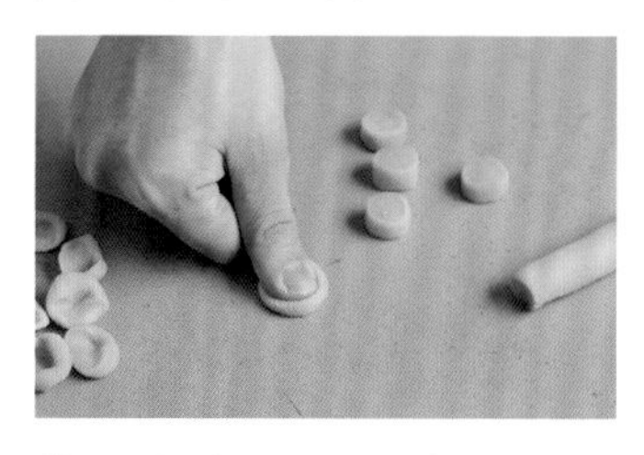

貓耳朵麵（Orecchiette）
將做好的麵團（完成基礎麵團的步驟5之後）搓成直徑1cm的長條狀。接著切成厚0.7cm的小塊，再用手指以一種稍稍往前頂的力道將麵團壓出凹陷。

蝴蝶結麵（Farfalle）
將做好的麵團擀成厚1mm的麵皮，再把麵皮切成3×3cm的正方形。然後往中央壓出皺摺，做成蝴蝶結的形狀。★有製麵機的話可以參考「用製麵機擀麵」的步驟③。

三種醬汁的故事

選擇義大利麵料理的標準中，首先排第一的就是「醬汁」。
本書中主要分為三大類，有以油清炒，
滋味爽口清淡的油醬基底醬汁、酸爽的番茄紅醬，
和使用鮮奶油加上牛奶或起司做出柔滑口感的奶油白醬。
為各位介紹只要記住醬汁的比例，
就能隨時靈活運用的三大類醬汁。

爽口而清淡
油醬基底醬汁

味道爽口的油醬基底醬汁，其中最具代表性的料理就是使用大蒜和橄欖油的香蒜橄欖油義大利麵（Aglio e Olio）了。除此之外，還有混合香草和油製成的各式青醬，也是屬於清炒的油醬基底系列。清炒的醬汁不需要預先製作，應該在烹飪的過程中混合食材、油脂和煮麵水，直接使其化為醬汁。油的用量會根據加入的食材有所不同，可以參考右側的公式自行增減應用。

羅勒青醬

將羅勒青醬的材料（參考 p.43、p.145）放入食物調理機攪碎備用。青醬接觸到空氣後容易氧化，可以將做好的青醬放進瓶口較窄、有深度的瓶子，然後在上層倒入橄欖油，如此就能將青醬保存在最新鮮的狀態（冷藏1週、冷凍2週）。

製作少量青醬

可使用小型石臼，依序放入羅勒葉→大蒜→松子→帕米吉阿諾乳酪（Parmigiano-Reggiano）→橄欖油，磨碎混合後使用。

清炒醬汁

先加入2～3大匙的油再開始翻炒食材→放入義大利麵前先加入150～200ml的煮麵水煮滾→起鍋前再繞圈淋上1～2大匙的油，完成。

番茄紅醬的味道既清爽又無負擔，是許多人偏愛的醬汁之一。如果想做出濃郁的番茄紅醬，比起新鮮番茄，更推薦使用「整顆番茄罐頭（參考 p.29）」。再加上將番茄濃縮後製成的番茄糊（Tomato Paste，參考 p.29），味道就會更有深度。自製的番茄醬汁和市售的番茄醬汁用量一樣，可以互相替代使用。
自製番茄紅醬的方法比想像中簡單許多，也不用擔心添加物，所以請親手製作使用看看吧。

新鮮酸香
番茄紅醬

自製番茄紅醬（約4杯分量）

- 橄欖油3大匙
- 洋蔥1/2個切碎（100g）
- 蒜泥1大匙
- 番茄糊2大匙
- 整顆番茄罐頭2罐（800g）
- 月桂葉2片
- 乾燥奧勒岡1小匙
- 鹽1小匙（依個人喜好增減）
- 砂糖1小匙（可以依個人喜好增減）
- 現磨黑胡椒少許

1 熱鍋後在鍋中塗抹橄欖油，再放入洋蔥碎和蒜泥，用小火炒3分鐘。

2 加入番茄糊，利用小火拌炒2分鐘。

3 倒入整顆番茄罐頭，用調理匙將番茄壓碎。

4 放入鹽、砂糖、月桂葉、乾燥奧勒岡，再用中火煮至沸騰，之後轉成小火繼續熬煮20分鐘，中途需要不時攪拌一下。再撒上現磨黑胡椒混和均勻。

5 待冷卻後，將2/3的番茄紅醬倒入食物調理機中攪打至綿密細緻。
★如果想要醬汁整體都非常綿細，沒有任何塊狀口感的話，可將所有醬汁放進去一起打。

6 把醬汁換裝到密閉容器中，待其完全冷卻後移至冰箱冷藏保存（10天）。

新鮮番茄紅醬（約3杯分量）

新鮮番茄紅醬和上面介紹的自製番茄紅醬比起來味道更清淡爽口，只要將2罐整顆番茄罐頭（800g）改成新鮮番茄1kg，並省略番茄糊即可。牛番茄味道不像義大利聖馬札諾（San Marzano）番茄那麼濃，因此建議使用完全成熟的鮮紅色番茄，並選擇比一般番茄更甜的品種，如又稱義大利番茄的羅馬番茄（Roma Tomato）。

1 將番茄的蒂頭去掉，並在底部（沒有蒂頭的那面）用刀劃上十字，放入滾水汆燙至外皮略為掀起，再撈起浸入冷水中。

2 剝除番茄外皮，將番茄切成兩半，去除種子後將果肉切塊。
其餘步驟皆與自製番茄紅醬相同，之後熬煮30分鐘以上，直到醬汁變成需要的濃稠度為止。
★不同番茄的含水量也不盡相同，因此要煮到醬汁變成想要的濃度為止；紅醬的酸味是番茄酸度所決定的，如果太酸也可以加點砂糖，中和成更溫和的味道。

濃郁香醇
奶油白醬

想到香濃柔滑的義大利麵，首先會想起的就是奶油白醬。
奶油白醬是在鮮奶油中加上牛奶、起司等材料製成，
可以透過食材比例調整味道的濃淡。
請參考以下比例，製作出符合自己喜好的白醬。

爽口的奶油白醬

只加入牛奶的清爽白醬，適合用在食材具有濃稠度的義大利麵中。比方南瓜、地瓜、玉米等澱粉類的食材，可以補足牛奶欠缺的濃郁感（參考p.136），風味和熱量也比使用鮮奶油的白醬輕巧許多。除此之外，也可以用鮮奶油作為基底，再加入牛奶、煮麵水或是無糖豆漿，來稀釋醬汁的濃度。

牛奶（或豆漿）1:1食材

鮮奶油1:1牛奶（或煮麵水）

濃郁的奶油白醬

以鮮奶油為基底，或者再稍微摻點牛奶，就能做成香濃的奶油白醬。跟牛奶或煮麵水比例較高的醬汁比起來，這種奶油白醬很快就會變得濃稠，味道也更加濃重。如果火力太強，很容易不小心燒焦，所以建議以文火或小火熬煮，並同時用料理勺持續攪拌，待醬汁變濃稠後再加入牛奶調節濃度。另外，這種醬汁在盛盤時會迅速凝結，建議收尾時先將醬汁調整成比想像中稍微稀一點的濃度。

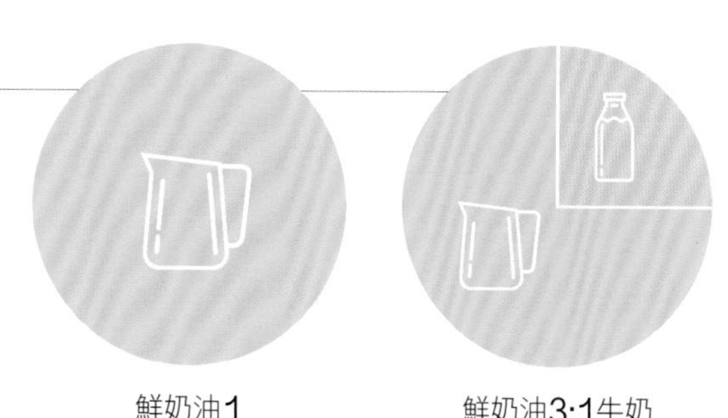

鮮奶油1

鮮奶油3:1牛奶

起司白醬

要在白醬中加入起司時，比起搭配鮮奶油，牛奶或無糖豆漿是更合適的選擇。可以品嘗到俐落的香濃風味，也不用太擔心卡洛里問題。本書使用的是加入切達起司片的白醬（參考p.142）和加入奶油乳酪的白醬（參考p.146）。
另外，也可以根據搭配的食材不同調整起司的用量。但要小心若料理時溫度過高，或加熱時間過長，可能會導致起司的脂肪成分離，使醬汁產生油水分離的問題。

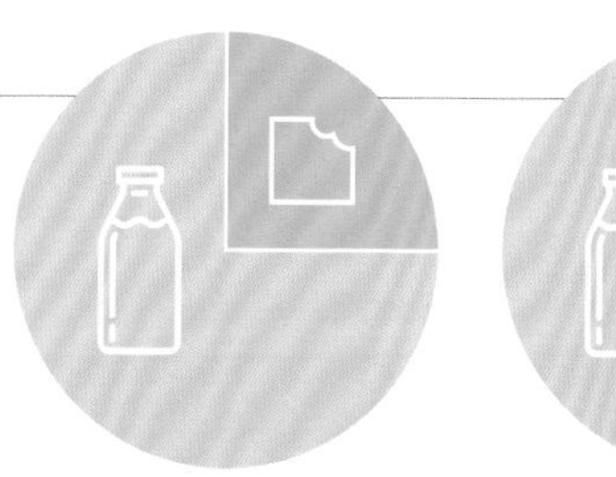

牛奶3:1切達起司

牛奶4:1奶油乳酪

食譜中那些**陌生的食材們**

巴薩米克醋

加進義大利麵之後酸味會揮發，只留下醋的香氣，增添料理風味。巴薩米克醋的熟成期間愈長，香氣和風味就會愈發深邃。

奶油

可以替醬汁或是義大利麵增添香濃滋味。在料理的最後一個步驟加入奶油，就能享受到奶油本身的風味。因為一次購買的分量比較多，可以把奶油切成小塊冷凍保存，就能使用得更久一點。

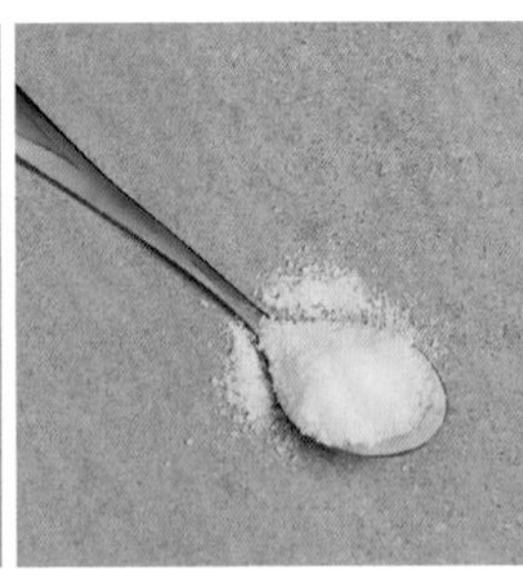

鹽

依顆粒大小不同，建議料理時使用兩種鹽，烹煮義大利麵時使用粗粒天日鹽，調味的時候使用顆粒細緻的天日鹽。

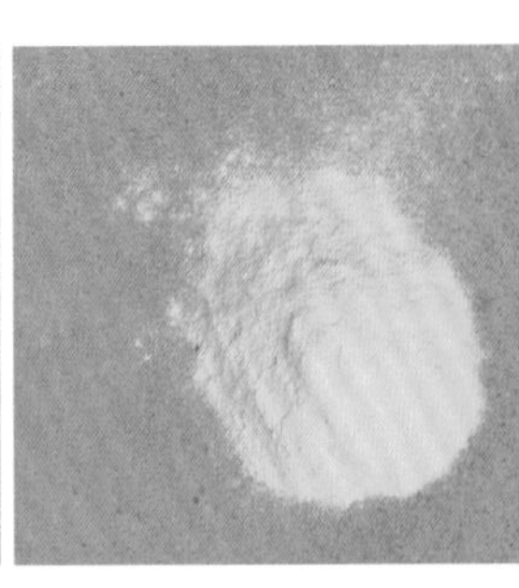

杜蘭粗粒小麥粉

使用蛋白質含量較高的硬麥——杜蘭小麥加工而成的麵粉，是義大利麵的原料。如果用杜蘭粗粒小麥粉製作義大利生麵，會比中筋麵粉做出來的口感更有彈性。

乳酪絲

為了方便使用在披薩或義大利麵上，以莫札瑞拉起司加工成的乳酪絲，可以冷凍保存。建議一定要加熱，熟了之後再享用比較好。

油漬醃鯷魚

使用鯷科的小魚去骨後以鹽醃漬，和韓國的醃鯷魚一樣具有強烈的風味。搗碎後使用能散發出更濃郁的滋味，市面上也有更方便使用的鯷魚醬。

橄欖油

使用品質優良的初榨橄欖油是最好的。尤其在做清炒系列的義大利麵時，必須使用新鮮的橄欖油，才能做出美味的義大利麵。

雞高湯

以雞肉、辛香料熬成高湯後濃縮的產品，被用來替義大利麵增添鮮味。本書使用的不是雞湯塊或雞粉等產品，而是最方便使用的液態雞高湯。

這一頁介紹的杜蘭粗粒小麥粉、油漬醃鯷魚、酸豆、番茄糊等食材，
可在以超市或網路商店購得。

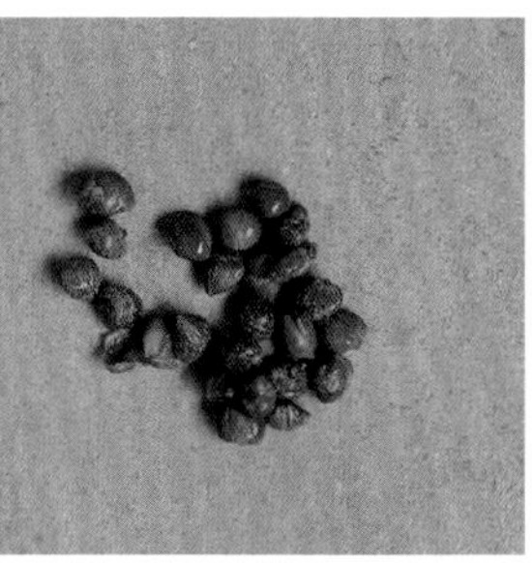

酸豆（Capers）
酸豆是由一種叫刺山柑植物的花蕾醃漬而成，可增添料理風味。有著芥末般的微辣感，還帶有香氣，不但解膩且帶來爽口滋味。

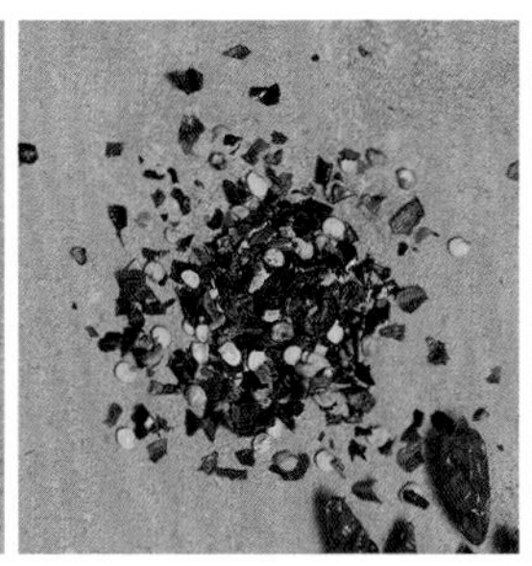

辣椒碎（粗辣椒粉）
將印度產辣椒大略磨碎後製成，可以為義大利麵增添辣味與香氣。沒有辣椒碎的話可用少量韓式辣椒粉代替，或者將義大利辣椒、泰國辣椒切碎後使用。

奶油乳酪
未經熟成的起司，有著溫和的味道和口感。它微酸而香濃的風味比鹹味更加突出，也可以用奶油乳酪混合牛奶製作出起司白醬。

番茄糊
是濃度很高的番茄濃縮產品，使用少量即能散發出番茄本身鮮美濃郁的滋味。開封後請裝進密封袋中冷凍保存。

整顆番茄
將番茄去皮後製成的罐頭產品，製作番茄紅醬時會用到。因為是直接以新鮮番茄加工製作，依然保留著番茄原本的濃郁滋味。

帕米吉阿諾乳酪
有著獨特味道和結晶的硬質起司，風味絕佳。如果想找替代產品，可以使用等量的帕達諾起司（Grana Padano）或帕瑪森起司粉。

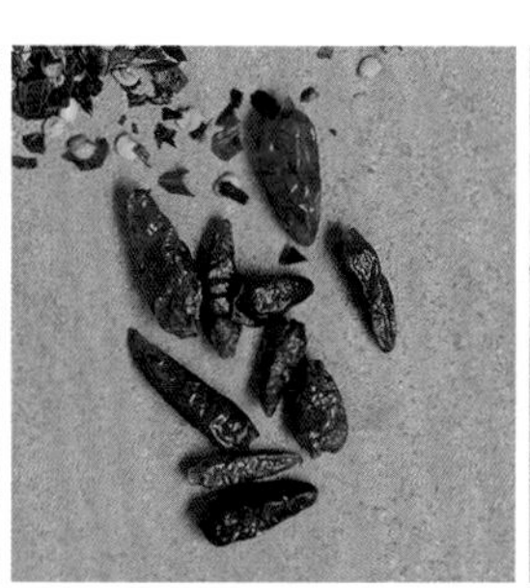

義大利辣椒（Peperoncino）
義大利產的辣椒，辣度很高，只放少量也能感受到強勁的辣味。它的價格較高，也可以用泰國辣椒（鳥眼辣椒）代替。它的辣度強烈，請依個人喜好酌量添加。

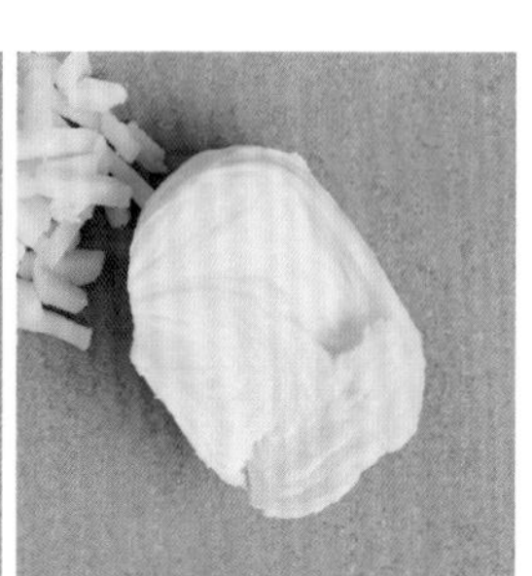

新鮮莫札瑞拉起司
用水牛奶或牛奶製成的新鮮起司，因為水分含量高，保存期限較短。可以直接生吃，或者加熱稍微使其融化後享用。

義大利麵的**9種料理工具**

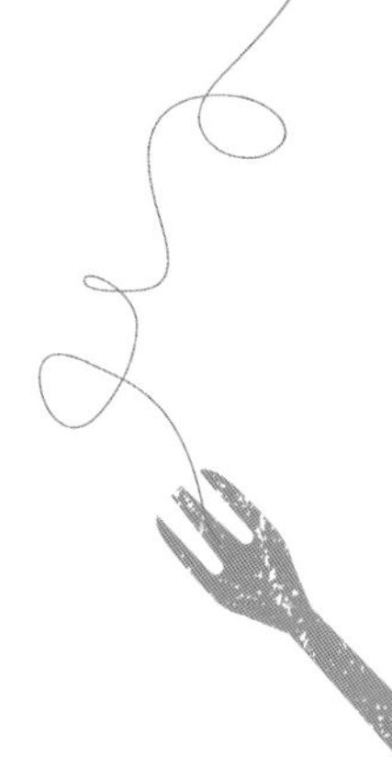

1 深鍋

可使用義大利麵專用鍋，或單柄鍋、雙耳鍋等。建議使用加了足量水之後也能稍微留有一些空間的大型深鍋。本書中用的是加入2L水後，仍能完全浸入義大利長麵的雙耳鍋。

2 筷子&料理夾

在不沾鍋中翻炒時，需使用長一點的木筷或矽膠筷才不會刮傷平底鍋，也比較方便操作。料理夾則可以一次夾起許多麵條，料理完成後用來裝盤也很實用。

3 調理匙

翻炒食材或熬煮醬汁時使用。使用耐熱的矽膠調理匙或木匙，可以避免不沾鍋被刮傷。矽膠調理匙要挑選稍硬的款式，用起來才方便。

4 起司刨絲器

用來刨硬質起司的工具，有刨片突起的那一面是正面。除了起司以外，也可以用來刨檸檬皮，或磨碎少量大蒜時使用。

5 瀝水籃

將煮好的義大利麵撈起時會用到。麵剛撈起時非常燙，所以建議使用有把手的瀝水籃。除了義大利麵之外，清洗蔬菜、海鮮類之後也可以用它瀝水，所以可以準備各種尺寸的瀝水容器備用。

6 計時器

煮義大利麵的時候，最重要的就是確認時間了。最好使用可設定分鐘、秒數，並且有鬧鐘功能的計時器。也可以利用手機的計時器功能。

7 平底鍋

比起平底不銹鋼鍋，更推薦使用平底不沾鍋，可以有效避免醬汁沾鍋或燒焦。為了方便翻炒義大利麵，建議使用尺寸大一點的平底鍋，本書用的是直徑28cm，深5cm以上的平底不沾鍋。

8 製麵機

製作義大利生麵時會用到的機器，種類繁多，有不到千圓台幣的平價產品，也有非常昂貴的高級機種。太便宜的中國機種可能會產生鐵粉，建議盡量避免選購。只要放入麵團，再轉動把手，就能輕鬆做出義大利生麵。

9 計量工具

有用來計量少量液體、醬料、粉類食材的量匙；若要計量50ml以上的食材，則建議使用量杯更方便。比起塑膠材質，計量用的工具還是建議使用不銹鋼或玻璃材質會更好。

義大利麵的**計量指南**

為了做出不會失敗的義大利麵，就必須從正確的計量和火力調節開始。
在此介紹正確的計量方式和調節火力的技巧，
傾囊相授你想知道的義大利麵計量秘訣。

如何使用計量工具

液體、粉類、醬料的計量方式都稍有不同，請先行了解後再測量。（量匙1大匙＝15ml，1小匙＝5ml）

1大匙（液體）
裝滿

1/2大匙（液體）
裝到量匙中央標線處

1大匙（粉類與醬料）
裝滿並刮平表面

1/2大匙（粉類與醬料）
裝到量匙的一半

用一般吃飯湯匙計量

量匙1大匙＝15ml
一般吃飯湯匙＝10～12ml

因為吃飯湯匙的1大匙比量匙的1大匙少，舀的時候請盡可能裝滿一點。不過每個家庭用的吃飯用湯匙大小不同，容易產生誤差，還是建議盡可能使用量匙測量。

調整食譜份量

本書中介紹的所有義大利麵皆為2人份。若只要製作1人份，將所有食材的分量減半即可。需要增加人數時，食材分量依倍數增加，調理時間則需要依據醬汁濃度和食材熟度來調整。
可以的話還是盡量一次製作2人份，就能完成最美味可口的義大利麵。

調節火力

以一般最常使用的瓦斯爐火為基準，請觀察爐火和鍋具底部之間的間距來調節火力。

爐火和鍋底的
間距很重要！

大火
爐火完全碰到鍋底

中火
爐火和鍋底之間大約有0.5cm的間距

小火
介於中火和文火之間的火

文火
爐火和鍋底之間大約有1cm的間距

簡單又有趣的**義大利麵計量法**

〈簡單又美味的義大利麵〉中所有的義大利麵料理，
透過精準的計量都能呈現更讓人印象深刻的美好滋味。沒有磅秤也沒關係，
在此介紹在不同情況、條件下可以採用的有趣義大利麵計量法。

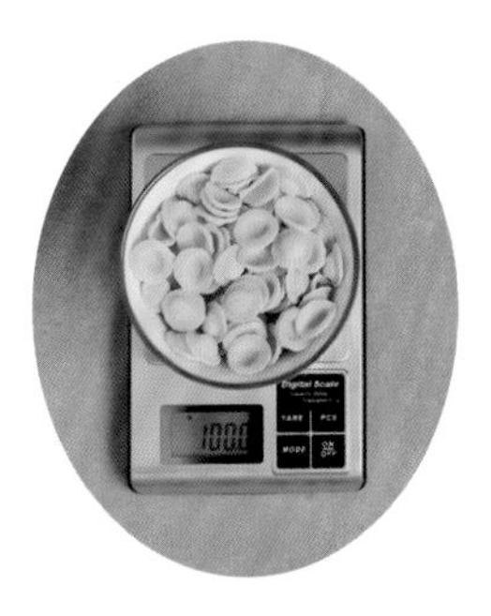

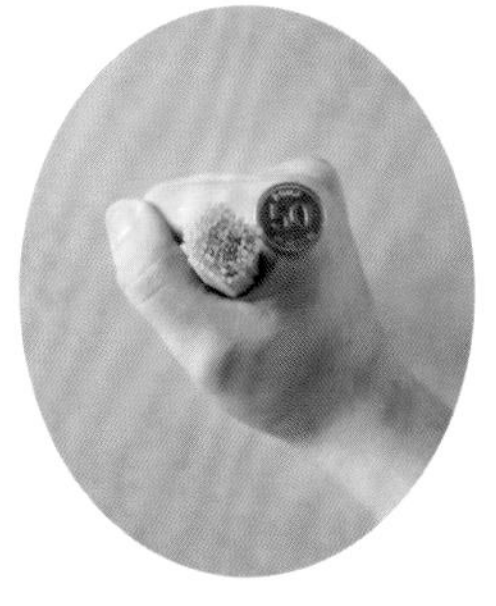

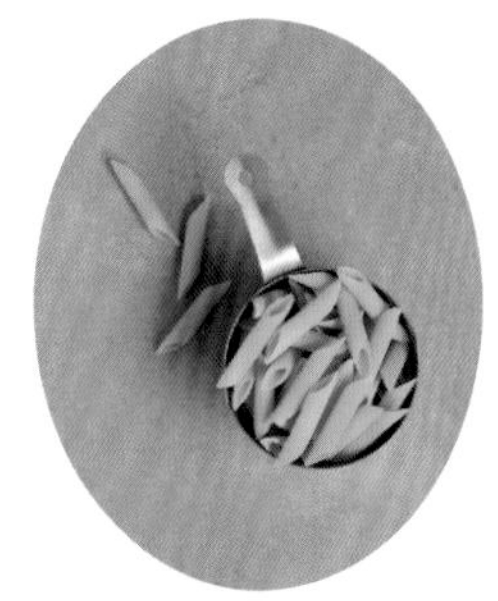

最正確！使用電子秤

使用電子秤最正確！將電子秤歸零後再秤重即可。長麵可以直接放上，要秤短麵的話，記得先將碗或是托盤放上電子秤後再歸零，才能正確量出重量。

1把5元，2把10元！

抓義大利長麵1把（80g）的直徑和新台幣的5元硬幣差不多大，要做2人份的話，則是與10元硬幣的直徑差不多。如果沒有電子秤的話，可以把硬幣拿出來比對，用手大致量圈出需要的分量。

目測分裝

大部分的義大利麵包裝都是一包500g，所以3等分大約各165g，也就是2人份的麵了。拆封時先一次分好，之後要用時就會更方便。

用量杯輕鬆計量

義大利短麵則可以用量杯輕鬆量出1人份的量。長度在手指頭兩節以內的短麵，1杯量杯就大約等於1人份（60～80g）。

一條一條用手算

如果沒有電子秤，又沒有量杯怎麼辦？只需要多花點時間就能解決。雖然各廠商出的產品都稍有不同，但重量是沒有差別不大。在準備義大利麵其他食材的時候，可以請先生、朋友或孩子照著右側的表格，把要用的麵一條一條、一個一個算出來，也滿有趣的吧？
在此列出本書中最常使用的義大利麵的單位重量（g）及1人份的數量。

義大利麵種類	單位重量（g）	1人份（60～80g）數量
圓麵（Spaghetti）	1	60～80
細圓麵（Spaghettini）	0.6	100～134
天使髮絲麵（Capellini）	0.4	150～200
細扁麵（Linguine）	1.2	50～67
寬扁麵（Fettuccine）	2.7	23～30
斜管麵（Penne）	1.5	40～53
麻花捲麵（Casareccia）	1	60～80
貓耳朵麵（Orecchiette）	0.8	75～100
蝴蝶結麵（Farfalle）	1.2	50～67

Chapter_1

絕對想學做一次的
經典款義大利麵

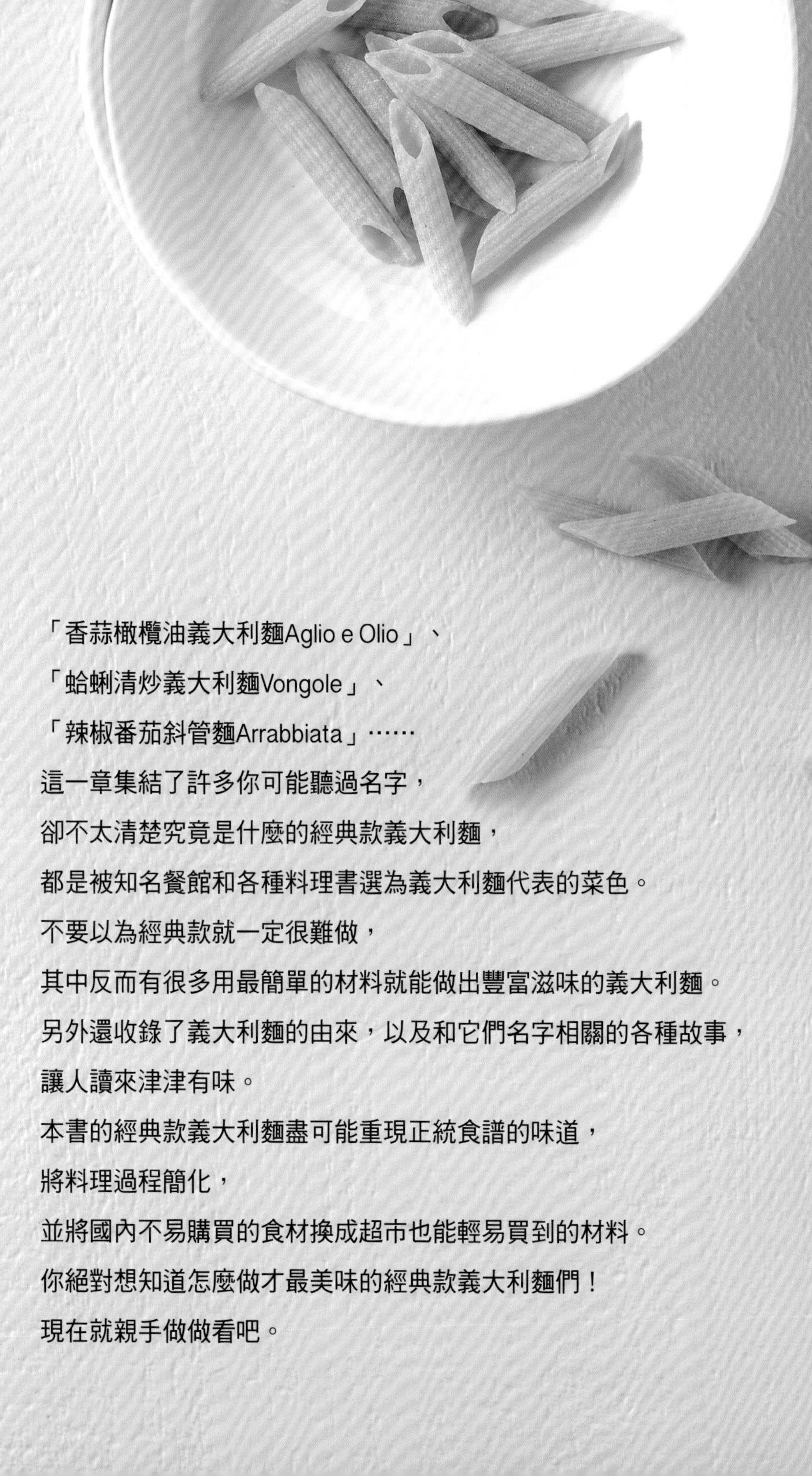

「香蒜橄欖油義大利麵Aglio e Olio」、
「蛤蜊清炒義大利麵Vongole」、
「辣椒番茄斜管麵Arrabbiata」……
這一章集結了許多你可能聽過名字，
卻不太清楚究竟是什麼的經典款義大利麵，
都是被知名餐館和各種料理書選為義大利麵代表的菜色。
不要以為經典款就一定很難做，
其中反而有很多用最簡單的材料就能做出豐富滋味的義大利麵。
另外還收錄了義大利麵的由來，以及和它們名字相關的各種故事，
讓人讀來津津有味。
本書的經典款義大利麵盡可能重現正統食譜的味道，
將料理過程簡化，
並將國內不易購買的食材換成超市也能輕易買到的材料。
你絕對想知道怎麼做才最美味的經典款義大利麵們！
現在就親手做做看吧。

SPAGHETTINI AGLIO OLIO

香蒜橄欖油義大利細圓麵

將大蒜用橄欖油充分炒過爆香，並且適量運用煮麵水，
使麵體能充分吸取醬汁是這道料理的關鍵。
也很適合依個人喜好加入辣椒，享受香辣爽口的滋味。

- 義大利細圓麵 2 把（或圓麵，160g）
- 大蒜 10 瓣（50g）
- 橄欖油 2 大匙＋3 大匙
- 雞高湯 1/2 小匙
- 煮麵水 1 杯（200ml）
- 鹽適量
- 現磨黑胡椒適量
- 現磨帕米吉阿諾乳酪約 4 大匙（或是帕瑪森起司粉，24g）

義大利麵小故事

香蒜橄欖油義大利麵是用最低限度的食材做成的料理，所以又被稱為「窮人的義大利麵」。因為沒有其他材料，只憑大蒜和橄欖油逼出香氣，所以選用新鮮、品質優良的食材非常重要。

1 在滾水（10杯水＋1大匙鹽）中放入義大利細圓麵烹煮（參照包裝上時間），煮好以後舀出1杯（200ml）煮麵水備用。將細圓麵放進瀝水籃中瀝乾水分。

2 將大蒜切成厚0.3cm的蒜片。★因為要花時間充分爆香，所以注意不要把大蒜切得太薄。

3 將2大匙橄欖油、蒜片、鹽放進熱好的平底鍋中，以中火炒3分鐘。

4 倒入雞高湯及1杯煮麵水，用大火煮滾後轉為中火繼續加熱3分鐘，再放入①的細圓麵翻炒3分鐘。

5 待煮麵水收乾到大約剩下2大匙的時候，再加入3大匙橄欖油，繼續甩鍋翻動義大利麵，使其均勻混合後關火。★也可以再加入煮麵水調整麵的濕潤度。

6 撒上現磨黑胡椒及磨碎的帕米吉阿諾乳酪，盛盤上菜。★若味道不夠鹹可以此時再增加鹽分。

SPAGHETTI CON LE ACCIUGHE

醃鯷魚義大利麵

將鯷魚和酸豆弄碎後加入義大利麵，增添獨特的風味。
鯷魚本身就帶有鹹味，所以只需要再一點後續的調味即可。
可以依個人喜好增減鯷魚用量，不夠鹹的話再加鹽調味就好。

20~30
minute

- 義大利圓麵約2把
 （或細圓麵，140g）
- 大蒜5瓣（25g）
- 油漬醃鯷魚6尾（60g）
- 酸豆5大匙（50g）
- 橄欖油3大匙
- 白葡萄酒（或清酒）2大匙
- 煮麵水1/2杯（100ml）
- 新鮮巴西里切碎
 （或乾燥綜合香料）1大匙
- 現磨黑胡椒適量
- 鹽適量

義大利麵小故事

鯷科的鯷魚（Anchovy）是義大利人在烹調義大利麵時常會使用的食材。「Anchovy」這個詞可以指鯷魚本身，或者鯷魚製成的油漬醃鯷魚。醃鯷魚是用鹽醃漬的，味道很鹹，主要用來放在麵包上享用，或者做成淋醬、抹醬等。

1 在滾水（10杯水+1大匙鹽）中放入義大利圓麵烹煮（參照包裝上時間），煮好以後舀出1/2杯（100ml）煮麵水備用。將圓麵放進瀝水籃中瀝乾水分。

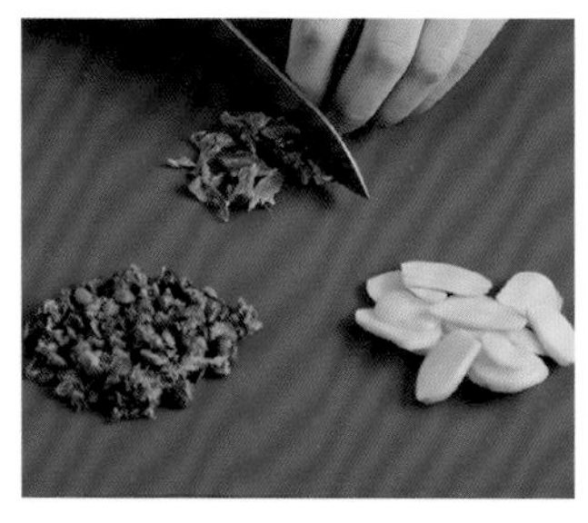

2 將大蒜切片；醃鯷魚、酸豆切碎。★醃鯷魚切碎後香氣會更加豐富。

3 將橄欖油和蒜片放入熱好的平底鍋中，以中火炒3分鐘，再放入醃鯷魚和酸豆，翻炒30秒鐘。

4 倒入白葡萄酒，以大火加熱30秒鐘。之後倒入1/2杯煮麵水，以中火煮滾後放入①的圓麵翻炒2分鐘。

5 關火，撒上巴西里、現磨黑胡椒，混合均勻後盛盤上菜。★若味道不夠鹹可以此時再增加鹽分。

SPAGHETTI ALLE VONGOLE

蛤蜊清炒義大利麵

蛤蜊裏頭爽口鮮美的湯汁，和義大利麵可以說是天作之合。
蛤蜊本身就帶有鹹度，所以煮義大利麵的時候，水中的鹽要放少一點。

25~35
minute

・義大利圓麵約 2 把
（或細扁麵，140g）
・吐沙後的蛤蜊 2 包（400g）
・大蒜 6 瓣切片（30g）
・洋蔥切碎 2 大匙（20g）
・義大利辣椒 1 根，切成 3、4 等分（可省略）
・白葡萄酒 1/4 杯（50ml）
・煮麵水 1/2 杯（100ml）
・橄欖油 3 大匙＋ 2 大匙
・現磨黑胡椒適量
・鹽適量

義大利麵小故事

「Vongole」在義大利文中是「貝類」的意思。將漁夫們剛捕撈上岸的新鮮貝類做成義大利麵，一開始是在海灣城市威尼斯風行的義大利麵料理。大蒜和白酒能替蛤蜊去腥，讓麵的風味更有層次。

1 在滾水（10 杯水＋ 1/2 大匙鹽）中放入義大利圓麵烹煮（參照包裝上時間），煮好後舀出 1/2 杯（100ml）煮麵水備用。將圓麵放進瀝水籃中瀝乾水分。

2 將吐沙後的蛤蜊泡進水中搓洗乾淨。熱鍋後在平底鍋中放入橄欖油3大匙、蒜片、切碎的洋蔥和義大利辣椒，以中火炒2分鐘。

3 放入蛤蜊和白葡萄酒，以大火翻炒1分鐘。之後倒入1/2杯煮麵水，煮滾後蓋上鍋蓋，調至小火加熱3分鐘。

4 等蛤蜊開口後，放入①的圓麵翻炒2分鐘，關火。

5 淋上2大匙橄欖油，撒上現磨黑胡椒，混合均勻後盛盤上菜。★若味道不夠鹹可以此時再增加鹽分。

SPAGHETTINI AL PESTO GENOVESE

羅勒青醬細圓麵

將青醬用小火稍微熱炒過，替整道麵增添熱氣，吃起來更加美味。
如果想在青醬中品嘗到橄欖的濃郁香氣，可以直接使用橄欖油代替葡萄籽油製作。

- 義大利細圓麵 2 把（或圓麵，160g）
- 大蒜 6 瓣對半切（30g）
- 橄欖油 2 大匙
- 帕米吉阿諾乳酪適量（或帕瑪森起司粉）
- 鹽適量

青醬

- 羅勒葉 20 片。或是菠菜、茴芹約 1/2 把（25g），青紫蘇葉 10 片（20g）。
- 炒熟的松子 1 大匙（20g）
- 大蒜 2 瓣（10g）
- 現磨帕米吉阿諾乳酪約 2 大匙（或帕瑪森起司粉，12g）
- 葡萄籽油（或其他食用油）1/4 杯（50ml）
- 橄欖油 1/4 杯（50ml）
- 鹽適量
- 現磨黑胡椒適量

1 在滾水（10杯水＋2大匙鹽）中放入細圓麵烹煮（參照包裝上時間），煮好以後將細圓麵放進瀝水籃中瀝乾水分。

2 把羅勒青醬的材料放進食物調理機中攪碎。★注意攪打太久會使青醬的顏色改變，進而產生苦澀味。

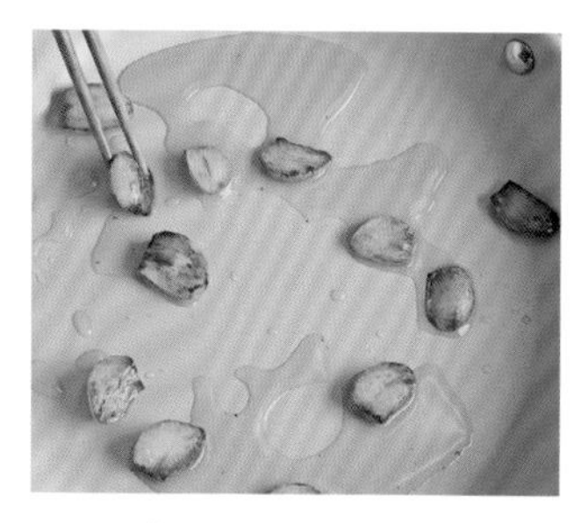

3 將橄欖油放入熱好的平底鍋中，加入大蒜，以小火翻炒約5～6分鐘至大蒜呈現金黃色。

4 放入①的義大利細圓麵和青醬，以小火翻炒1分鐘。★也可以在這個步驟加入煮麵水調節醬汁濃度，味道不夠鹹可再增加鹽分。

5 盛盤後撒上磨碎的帕米吉阿諾乳酪，上菜。

義大利麵小故事

「青醬（Pesto）」是用羅勒葉、橄欖油、起司和堅果類等磨碎製成的新鮮醬料，據說它發源於熱那亞。原本普遍的吃法是將煮好的義大利麵拌在青醬裡享用，但時至今日，已經發展出各種不同的青醬應用料理。

NAPOLITAN

拿坡里義大利麵

一口吃下捲好的麵條，就會陷入令人懷念的味道，讓人不禁微笑起來。
只要有番茄醬和香腸，就能輕鬆做出拿坡里義大利麵。
麵裏的蔬菜也可以使用冰箱剩下的零碎食材。

- 義大利圓麵約 2 把
  （或細圓麵，140g）
- 維也納香腸 14 根
  （或其他香腸，120g）
- 洋蔥 1/4 個（50g）
- 青椒 1/2 個
  （或甜椒，50g）
- 洋菇 3 朵
  （或其他菇類，60g）
- 橄欖油 2 大匙
- 蒜泥 1 小匙
- 煮麵水 1/4 杯（50ml）
- 奶油 1 大匙分量（10g）
- 現磨黑胡椒適量
- 鹽適量

醬汁

- 番茄醬 8 大匙（80g）
- 蠔油 1 小匙
- 鹽適量

義大利麵小故事

「Pescatore」在義大利文中有漁夫、釣魚人的意思。也意味著這道番茄紅醬義大利麵中使用了非常豐富的海鮮食材。一般來說這道漁夫麵都會用上3～5樣的新鮮海產，是其特色之一。

1 在滾水（10杯水＋1大匙鹽）中放入義大利圓麵烹煮（參照包裝上時間），煮好以後舀出1/4杯（50ml）煮麵水備用。將圓麵放進瀝水籃中瀝乾水分。

2 在維也納香腸上劃出刀痕；洋蔥、青椒、洋菇切成0.5cm的薄片；把醬汁材料放進小碗混合均勻。

3 將橄欖油、蒜泥、維也納香腸、洋蔥、青椒和洋菇放入熱好的平底鍋中，以中火翻炒2分鐘。

4 放入①的圓麵和②的醬汁，以中火翻炒1分鐘，接著倒入1/4杯煮麵水，再翻炒2分鐘。

5 關火，加入奶油和現磨黑胡椒，混合均勻後盛盤上菜。

★若味道不夠鹹可以此時再增加鹽分。

CAPELLI D'ANGELO AL POMODORO

番茄義大利麵

番茄義大利麵有用番茄醬汁製作，或直接使用新鮮番茄的兩種料理方式。
如果季節剛好是夏天，推薦使用當季的新鮮番茄做做看，
可以品嘗到番茄酸甜爽口的滋味。

- 天使髮絲麵約2把
  （或細圓麵，140g）
- 小番茄15顆（或大番茄
  1又1/2個，225g）
- 洋蔥1/4個切碎（50g）
- 蒜泥1/2大匙
- 橄欖油2大匙
- 巴薩米克醋1大匙
- 醬油1小匙
- 煮麵水3/4杯（150ml）
- 雞高湯1大匙
- 現磨黑胡椒適量
- 羅勒葉切碎
  （或乾燥綜合香料）2大匙
- 現磨帕米吉阿諾乳酪約2
  大匙（或帕瑪森起司粉，
  12g）
- 鹽適量

義大利麵小故事

義大利文的「Pomodoro」就是番茄的意思。不同於現代的鮮紅番茄，過去的番茄顏色偏黃，尺寸也較小，所以被稱作「Pomodoro（黃金蘋果）」。這道義大利麵使用番茄就能輕鬆完成，酸香的口味吃起來非常清爽。

1 在滾水（10 杯水＋1 大匙鹽）中放入天使髮絲麵烹煮（參照包裝上時間），煮好後舀出 3/4 杯（150ml）煮麵水備用。將天使髮絲麵放進瀝水籃中瀝乾水分。

2 小番茄切成 4 等分，去籽。
★番茄要去籽才能避免水分過多使得麵的味道太淡。

3 將橄欖油、洋蔥碎、蒜泥放入熱好的平底鍋中，以小火翻炒 2 分鐘，再加入小番茄、巴薩米克醋和醬油，繼續翻炒 1 分鐘。

4 倒入 3/4 杯煮麵水和雞高湯，以中火加熱 8 分鐘，之後放入①的天使髮絲麵，翻炒 2 分鐘後關火。

5 撒上現磨黑胡椒、羅勒葉和帕米吉阿諾乳酪，盛盤上菜。★若味道不夠鹹可以此時再增加鹽分。

PENNE ALL'ARRABBIATA

辣椒番茄斜管麵

這是一款很適合韓國人口味的辣味義大利麵。
足足加了5根辣味強勁的義大利辣椒（Peperoncino），
吃著吃著就會感到嘴裡和臉頰一片火熱。
如果是小孩要吃的，可以適度減少辣椒的量。

20~30
minute

- 斜管麵約2杯
（或螺旋麵，140g）
- 培根2條（28g）
- 大蒜4瓣切片（20g）
- 辣油（或橄欖油）2大匙
- 義大利辣椒
（或泰國辣椒）5根對半切
- 番茄醬汁2杯（參考p.24，或市售番茄醬汁，400ml）
- 帕米吉阿諾乳酪
（或帕瑪森起司粉）適量
- 羅勒葉切碎
（或乾燥綜合香料）1大匙
- 現磨黑胡椒適量
- 鹽適量

義大利麵小故事

這是在義大利南部深受歡迎的辣味義大利麵，其名字有「生氣麵」的意思。因為口味火辣，吃的人臉上會像發怒般轉紅，才有了這個有趣的名字。除了義大利麵外，辣椒番茄醬汁也會被用在披薩等各種料理上。

1 在滾水（10 杯水＋2 大匙鹽）中放入斜管麵烹煮（參照包裝上時間），煮好以後將斜管麵放進瀝水籃中瀝乾水分。

2 將培根切成寬 0.5cm 大小。

3 將辣油和蒜片放入熱好的平底鍋中，以小火翻炒 3 分鐘，再加入培根和辣椒，繼續翻炒 2 分鐘。

4 倒入番茄醬汁，以中火煮滾後放入①的斜管麵，翻炒 2 分鐘後關火。★味道不夠鹹可以此時再增加鹽分。

5 撒上現磨的帕米吉阿諾乳酪，再放上切碎的羅勒葉和現磨黑胡椒，裝盤上菜。

SPAGETTI ALLA PUTTANESCA

煙花女義大利麵

挖開金黃色的麵包粉，便會看見散發出美味色澤的義大利麵！
新鮮的番茄醬汁中加入醃鯷魚、酸豆和橄欖，
醃漬食品特有的醇香全都濃縮在這道麵的醬汁中，呈現多層次的豐富滋味。

25~35
minute

- 義大利圓麵約2把
  （或細扁麵，140g）
- 大蒜5瓣（25g）
- 黑橄欖10顆
- 酸豆2大匙（20g）
- 油漬醃鯷魚2尾（20g）
- 義大利辣椒
  （或泰國辣椒）2根
- 橄欖油2大匙
- 番茄醬汁2杯（參考p.24，
  或市售番茄醬汁，400ml）
- 鹽適量

表層配料

- 麵包粉1/4杯（15g）
- 乾燥奧勒岡1/2大匙
  （或其他乾燥香草）
- 現磨黑胡椒適量

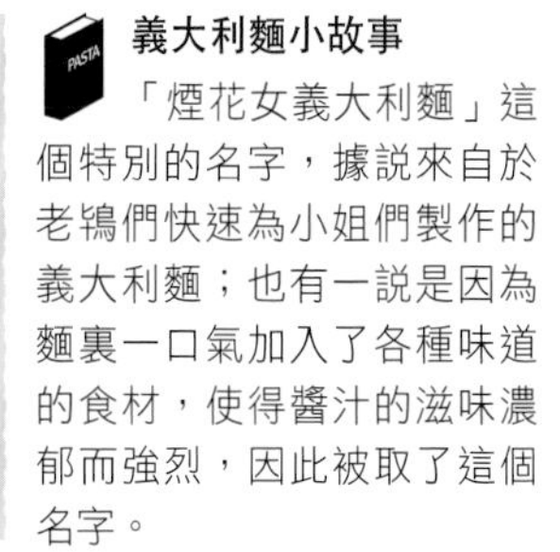

義大利麵小故事

「煙花女義大利麵」這個特別的名字，據說來自於老鴇們快速為小姐們製作的義大利麵；也有一說是因為麵裏一口氣加入了各種味道的食材，使得醬汁的滋味濃郁而強烈，因此被取了這個名字。

1 在滾水（10 杯水＋2 大匙鹽）中放入圓麵烹煮（參照包裝上時間），煮好以後將麵放進瀝水籃中瀝乾水分。

2 將大蒜、黑橄欖切片；酸豆和鯷魚切碎；義大利辣椒對半切。

3 將所有表層配料放入熱好的平底鍋中，翻炒 1 分鐘至整體呈金黃色，取出備用。

4 在熱好的平底鍋中放入橄欖油和蒜片，用小火翻炒 5 分鐘，再加入黑橄欖、醃鯷魚、酸豆和辣椒，繼續翻炒 30 秒鐘。

5 倒入番茄醬汁，以中火煮滾後加入①的義大利圓麵，繼續翻炒 2 分鐘。★也可再加入煮麵水調整麵的濕潤度；味道不夠鹹可再增加鹽分。

6 盛盤，撒上③的表層配料。

SPAGHETTINI ALLA PESCATORE

漁夫義大利細圓麵

這是一道能一口氣品嘗到各種海鮮的番茄紅醬義大利麵。
海瓜子、透抽、蝦等海鮮都可用其他等量的海產取代，
也可以再加一點義大利辣椒，享受微辣的暢快滋味。

25~35
minute

- 義大利細圓麵約2把
  （或細扁麵，140g）
- 冷凍白蝦去殼4尾
  （特大，60g）
- 處理乾淨的透抽身體
  1/2隻（90g）
- 吐沙後的海瓜子1包
  （200g）
- 小番茄5顆（75g）
- 橄欖油2大匙
- 蒜泥1/2大匙
- 白葡萄酒（或清酒）2大匙
- 番茄醬汁2又1/2杯
  （參考p.24，或市售番茄醬汁，500ml）
- 羅勒葉3片
  （或乾燥綜合香料）
- 現磨黑胡椒適量
- 鹽適量

義大利麵小故事

「Pescatore」在義大利文中有漁夫、釣魚人的意思。也意味著這道番茄紅醬義大利麵中使用了非常豐富的海鮮食材。一般來說這道漁夫麵都會用上3～5樣的新鮮海產，是其特色之一。

處理透抽時先把頭和身體分開，然後拖出內臟、拉出軟骨；撕開全部皮膜，除去眼睛、龍珠，用水沖洗乾淨。

1 在滾水（10 杯水＋2 大匙鹽）中放入細圓麵烹煮（參照包裝上時間），煮好後將麵放進瀝水籃中瀝乾水分。

2 將冷凍蝦肉泡入冷水解凍後，放入瀝水籃瀝乾水分；透抽切成厚 0.5cm 的透抽圈；將吐沙後的海瓜子泡進水中搓洗乾淨。

3 把小番茄切成 4 等分。

4 將橄欖油、蒜泥放入熱好的平底鍋中，用小火炒 10 秒鐘，接著加入②的海鮮和白葡萄酒，再以大火翻炒 3 分鐘。

5 加入番茄醬汁和小番茄，以中火煮滾後加入①的義大利細圓麵，一邊攪拌一邊繼續加熱 2 分鐘。★味道不夠鹹可以此時再增加鹽分。

6 撒上現磨黑胡椒，用手將羅勒葉撕成小塊後撒在麵上拌勻，盛盤上菜。

LASAGNA ALLA BOLOGNESE

波隆那肉醬千層麵

這是一道把柔滑的法式白醬，以及咬得到肉塊的波隆那肉醬層層疊起的義式千層麵，
雖然料理過程稍微有點複雜，但它的滋味絕對值得一試，非常適合在特別的日子享用。

- 千層麵皮3片（45g）
- 橄欖油1大匙
- 乳酪絲1杯（100g）
- 帕米吉阿諾乳酪適量（或帕瑪森起司粉，依個人喜好添加）

波隆那肉醬（ragù alla Bolognese）

- 牛絞肉80g
- 豬絞肉80g
- 橄欖油1大匙
- 胡蘿蔔1/10根，切碎（20g）
- 芹菜3/4支，切碎（20g）
- 鹽適量
- 紅酒1/4杯（50ml）
- 番茄醬汁2又1/2杯（參考p.24，或市售番茄醬汁，500mℓ）
- 現磨黑胡椒適量

法式白醬（Béchamel Sauce）

- 無鹽奶油1大匙（10g）
- 麵粉1又1/2大匙
- 牛奶3/4杯（150ml）
- 鹽適量
- 胡椒粉適量
- 肉荳蔻粉適量（可省略）

義大利麵小故事

「lasagna」在義大利文中意思是一片千層麵，而「lasagane」是複數，意為兩片以上的千層麵，還有料理的意思。千層麵在義大利麵料理中擁有悠久的歷史，而鳥巢麵（tagliatelle）和寬版鳥巢麵也是切割千層麵後誕生的麵條樣式。

製作波隆那肉醬

1 用廚房紙巾包起牛絞肉和豬絞肉，藉此吸除血水。

2 在熱好的平底鍋中放入 1 大匙橄欖油，加入①及切碎的胡蘿蔔、芹菜和鹽，開中火，用料理勺壓碎拌勻，一邊翻炒 3 分鐘。

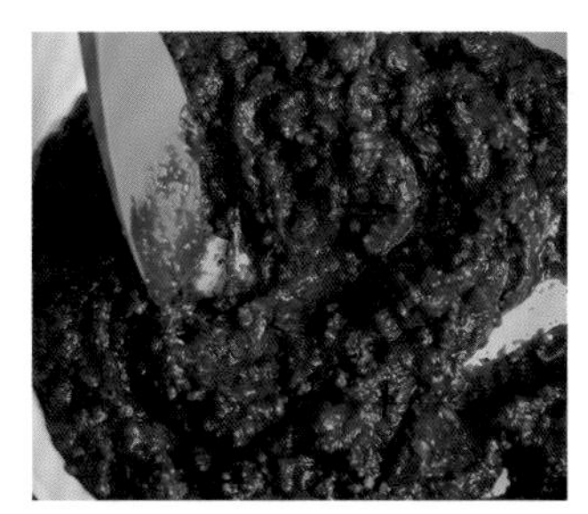

3 倒入紅酒，開大火加熱 1 分鐘，再倒入番茄醬汁用小火熬煮 10 分鐘。撒上現磨黑胡椒混合均勻。

製作法式白醬

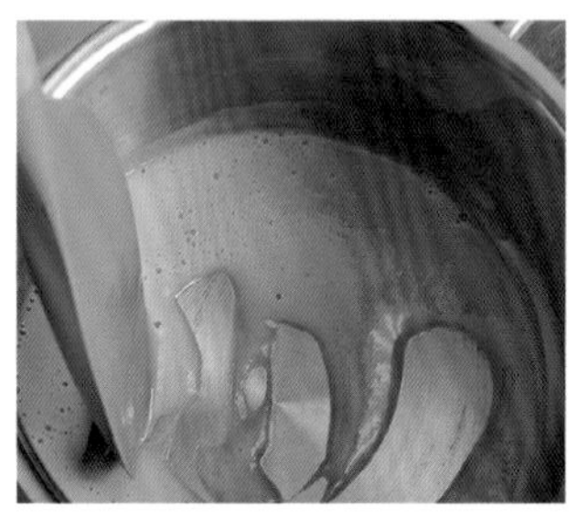

1 在小鍋子中以文火融化奶油後，加入麵粉翻炒 5 分鐘。再一點一點倒入牛奶，加熱時持續攪拌，避免結塊。

2 倒入剩餘的牛奶，繼續用文火加熱 2 ～ 3 分鐘，並持續攪拌直到醬汁濃度接近濃稠的優格狀。

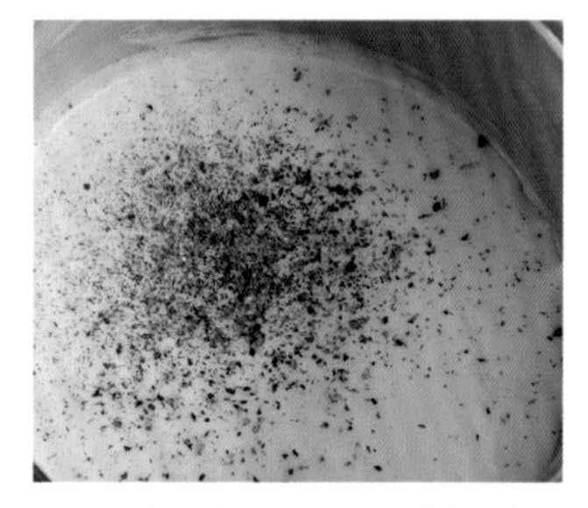

3 關火，加入鹽、胡椒粉以及肉荳蔻粉，均勻混合。★若是醬汁太濃稠以致凝固，可以在使用前再混入一點牛奶調整濃度。

製作波隆那肉醬千層麵

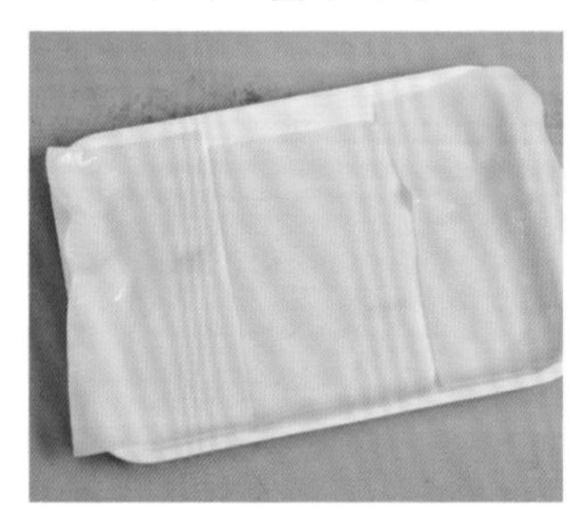

1 在滾水（10 杯水＋ 2 大匙鹽）中交錯放入千層麵，以中火烹煮 5 分鐘。煮好以後將麵放進瀝水籃中瀝乾，再抹上橄欖油將麵皮攤開。此時將烤箱預熱 170℃。

2 在耐熱容器中塗上橄欖油→鋪上波隆那肉醬（1 大匙）→放上 1 片千層麵。接著鋪上一半的波隆那肉醬→鋪上一半的法式白醬→再鋪上 1/3 的乳酪絲。之後依序重複兩次。

3 在最上面撒上剩下的乳酪絲和現磨的帕米吉阿諾乳酪，再放入烤箱中層烘烤 15 分鐘，至表面呈現金黃色澤。

RAVIOLI DI RICOTTA IN SALSA ROSA

粉紅醬瑞可塔起司義大利餃

柔軟的瑞可塔起司搭配包著菠菜內餡的義大利餃，
撒上一點胡椒粉，有著鮮明的獨特風味。
再加上粉紅醬汁的溫柔滋味，交織出在口中融化的柔滑口感。

40~50
minute

- 番茄醬汁1杯（參考p.24，或市售番茄醬汁，200ml）
- 鮮奶油1/2杯（100ml）
- 鹽適量
- 現磨黑胡椒適量
- 帕米吉阿諾乳酪適量（或帕瑪森起司粉，依個人喜好添加）

餃皮

- 蛋黃2粒（約34g）
- 水1大匙
- 橄欖油1大匙
- 鹽1小匙
- 中筋麵粉1杯（100g）

★這是比義大利生麵的基礎麵團更軟一點的麵團，如果想要更有彈性的口感，請參考p.20的義大利生麵基礎麵團。

內餡

- 菠菜1把（50g）
- 洋菇2朵（40g）
- 洋蔥切碎2大匙（20g）
- 蒜泥1小匙
- 新鮮巴西里切碎1大匙
- 現磨帕米吉阿諾乳酪1大匙（6g）
- 瑞可塔起司5大匙（60g）
- 橄欖油1大匙

1 在碗中放入餃皮麵團材料，混合成型後從底部將麵團翻起壓下，持續重複揉捏5分鐘。將完成的麵團放入乾淨塑膠袋，排出空氣後放在室溫下靜置30分鐘。

2 將菠菜放入滾水中，以中火汆燙30秒鐘，之後泡入冷水降溫，撈出後盡可能瀝乾水分。之後將菠菜切碎，洋菇也切成稍大塊的碎塊。

3 在熱好的平底鍋中放入橄欖油、切碎的洋蔥和蒜泥，以中火翻炒2分鐘後加入洋菇，繼續翻炒1分鐘。

4 將炒好的③放入碗中，並一起加入剩下的內餡材料，均勻攪拌。

5 將①的麵皮切成二等分，擀成厚0.5mm的薄片（參考p.20的擀麵步驟③）★需要充分地撒上手粉，麵皮才不會沾黏。

6 把麵皮剪成長方形後，各放上1大匙的內餡。

・鹽1/2小匙
・胡椒粉1/2小匙
・現磨黑胡椒適量
（依個人喜好增減）

義大利麵小故事

義大利餃是在麵皮中包入內餡的義大利麵料理，源於中世紀，有著悠久的歷史。在不同地區，義大利餃的內餡、外型和尺寸都不太一樣，連名字也有所不同。義大利餃和水餃一樣可以水煮過後直接吃，也可以沾上各式醬汁，還很適合放進熱熱的濃湯中享用。

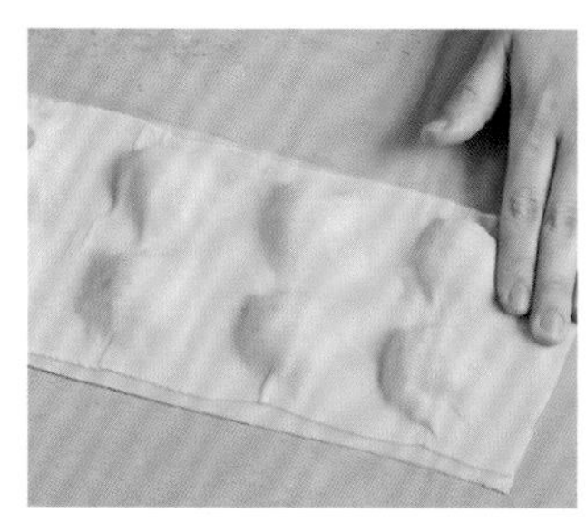

7 用手指沾水，抹在麵皮沒有內餡的位置上。鋪上另一張麵皮後用手指按壓內餡周圍，黏合麵皮，並排出空氣避免形成氣泡。

8 如圖所示將包有內餡的麵皮切成一口大小。★使用擀麵棍的話，因為麵團不易擀開，可以先將麵團分成20等分後再一張張擀平使用。

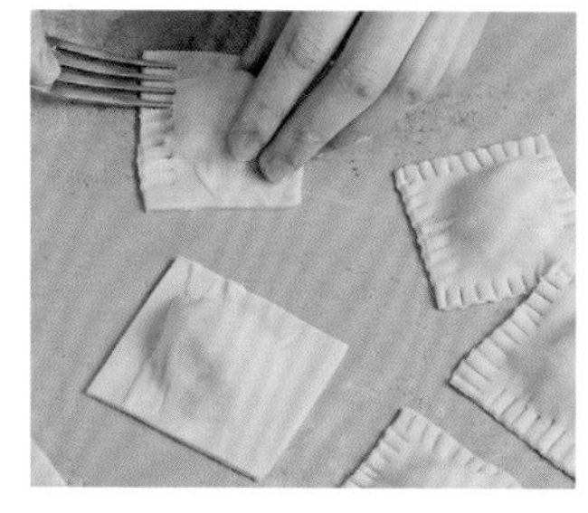

9 用叉子按壓義大利餃的四周，使麵皮固定。★也可以用市售麵皮取代自製麵皮。

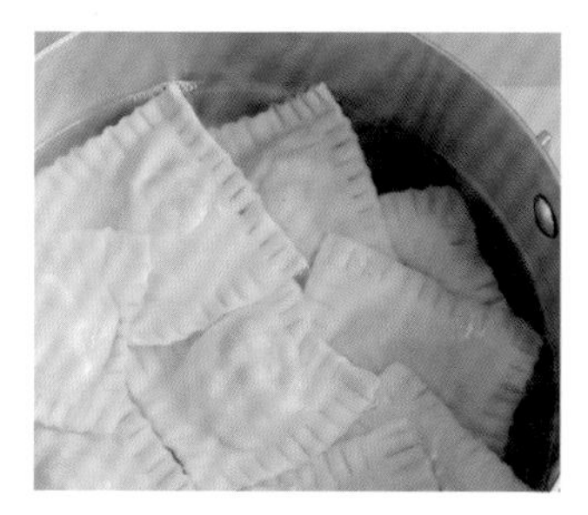

10 在滾水（10杯水＋1大匙鹽）中放入⑨，以中火烹煮3～4分鐘。煮好以後再將義大利餃放進瀝水籃瀝乾。

11 將番茄醬汁和鮮奶油倒入平底鍋，以中火煮滾，再放入義大利餃熬煮1分鐘，沸騰後關火。★若味道不夠鹹此時再增加鹽分。

12 撒上現磨黑胡椒拌勻，裝盤後再撒上現磨帕米吉阿諾乳酪，上菜。

SPAGHETTINI ALLA CARBONARA

培根蛋義大利細圓麵

如果你吃慣了韓式的培根蛋義大利麵，
可能會對這道正統的培根蛋義大利麵有些陌生，它加了蛋黃和起司，有著濃重的滋味。
因為必須享用生蛋，所以使用新鮮的雞蛋是這道料理最重要的關鍵。

- 義大利細圓麵2把
  （或圓麵，160g）
- 培根3條（厚切培根，51g）
- 橄欖油1/2大匙
- 鹽適量
- 現磨帕米吉阿諾乳酪約1大匙（依個人喜好添加，6g）

醬汁

- 新鮮雞蛋2個
- 新鮮雞蛋蛋黃2粒（約34g）
- 現磨帕米吉阿諾乳酪1杯
  （50g）
- 現磨黑胡椒適量

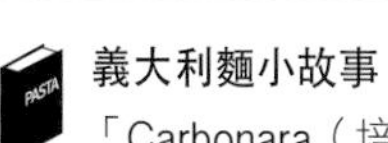

義大利麵小故事

「Carbonara（培根蛋義大利麵）」是1950年代後由羅馬開始盛行起來的義大利麵。正統的「Carbonara」使用的是豬頰肉製成的加工肉品「Guanciale」或義大利培根（Pancetta），也會用佩可里諾羊奶乾酪（Pecorino Romano），而非帕米吉阿諾乳酪。

1 在滾水（10杯水＋2大匙鹽）中放入義大利細圓麵烹煮（參照包裝上時間），煮好以後將細圓麵放進瀝水籃中瀝乾水分。

2 把所有的醬汁材料放入大碗中，混合均勻；培根切成0.5cm寬。

3 將橄欖油和培根放進熱好的平底鍋中，以小火翻炒5分鐘至呈焦黃色。★如果是使用很薄的培根，則要縮短翻炒的時間。

4 把①的培根和義大利細麵放入②的醬汁中，均勻混合。★若味道不夠鹹可以此時再增加鹽分。

5 裝盤，撒上現磨帕米吉阿諾乳酪，上菜。

FETTUCCINE ALL'ALFREDO

奶油白醬義大利寬扁麵

加入奶油製造香醇滋味的奶油白醬義大利麵，比一般的白醬濃度更高。
鮮奶油、奶油和起司的搭配會讓醬汁瞬間變得濃稠，料理時請特別注意。

15~25
minute

- 義大利寬扁麵約2把
  （或細扁 麵，140g）
- 無鹽奶油5大匙（50g）
- 蒜泥1/2大匙
- 鮮奶油1杯（200ml）
- 煮麵水1/2（100ml）
- 現磨帕米吉阿諾乳酪5大匙
  （或帕瑪森起司粉，30g）
- 新鮮巴西里切碎
  （或乾燥綜合香料）1大匙
- 現磨黑胡椒適量
- 鹽適量

義大利麵小故事

據說是羅馬廚師阿弗瑞多（Alfredo）為了害喜嚴重的妻子所做的義大利麵。加了兩倍的奶油，濃郁的滋味非常受大眾歡迎。料理時最大的重點就是毫不手軟地加入大量奶油和起司，最適合搭配寬扁麵享用。

1 在滾水（10杯水＋1大匙鹽）中放入義大利寬扁麵烹煮（參照包裝上時間），煮好以後舀出1/2杯（100ml）煮麵水備用。將麵放進瀝水籃瀝乾水分。

2 將奶油放入平底鍋中，以小火融化後加入蒜泥，翻炒30秒鐘。★若奶油開始變成褐色表示燒焦了，請注意。

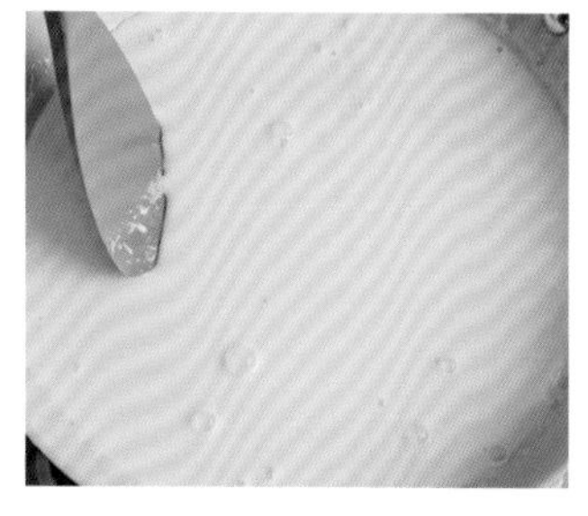

3 倒入鮮奶油及1/2杯煮麵水用中火煮滾，繼續攪拌並熬煮3分鐘。

4 放入①的寬扁麵及現磨帕米吉阿諾乳酪，持續攪拌並熬煮2分鐘。

5 關火，撒上切碎的巴西里和現磨黑胡椒，盛盤上菜。
★若味道不夠鹹可以此時再增加鹽分。

GNOCCHI AL GORGONZOLA

拱佐諾拉奶油義式麵疙瘩

加了具有獨特香氣和風味的拱佐諾拉乳酪，屬於風味強烈的義式麵點。
義式麵疙瘩如果煮太久會糊掉或口感軟爛，所以在滾水中一浮起來就要立刻撈起。

- 橄欖油1大匙
- 蒜泥1/2大匙
- 現磨帕米吉阿諾乳酪約2大匙（或帕瑪森起司粉，12g）
- 新鮮巴西里切碎適量（或乾燥綜合香料）
- 鹽適量

麵疙瘩材料

- 馬鈴薯1個（200g）
- 中筋麵粉1杯（約100g）
- 蛋黃1粒
- 鹽1/2小匙
- 現磨黑胡椒適量

醬汁

- 牛奶1杯（200ml）
- 鮮奶油1/2杯（100ml）
- 拱佐諾拉乳酪2大匙（24g）
- 現磨帕米吉阿諾乳酪3大匙（或帕瑪森起司粉，18g）
- 砂糖1/2小匙
- 現磨黑胡椒適量

義大利麵小故事

義式麵疙瘩（Gnocchi）是義大利北部常見的麵食，因為材料容易取得，也曾經是窮人的主食之一。近年大部分會加入馬鈴薯製作，可以在家簡單料理，不需要什麼特別的食材也能做出來。

1 馬鈴薯去皮，切成一口大小。將馬鈴薯放入鍋中，再加入3杯水，以大火煮滾後轉成中火，繼續煮7分鐘將馬鈴薯煮至熟透。

2 將馬鈴薯撈起瀝乾水分，放進大碗中，趁熱以叉子等工具壓碎。

3 加入剩下的所有麵團材料，用矽膠料理杓攪拌至麵團呈現鬆散團狀。

4 重複將麵團壓扁折起，直到所有麵團變成一整塊。此時開火準備要用來煮麵疙瘩的水（5 杯）。★將麵團不停折起才能做出柔軟的口感。

5 把麵團分為 2 等分，用手搓成直徑 2cm 的長條狀。再用叉子切成長 2cm 的小段後，用叉子背面將麵疙瘩壓扁。

6 將麵疙瘩放入滾水（5 杯）中，煮 2 ～ 3 分鐘等麵疙瘩浮起，再用濾網撈起瀝乾水分。

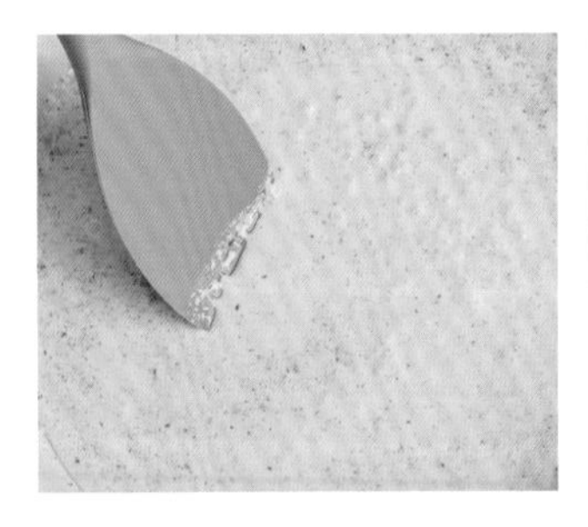

7 在熱好的平底鍋中抹上橄欖油，放入蒜泥，以小火炒 30 秒鐘。接著加入所有醬汁材料，一邊攪拌一邊加熱 5 分鐘，沸騰後關火。

8 放入麵疙瘩，攪拌均勻後盛盤，撒上現磨帕米吉阿諾乳酪和巴西里即可。★若味道不夠鹹可以此時再增加鹽分。

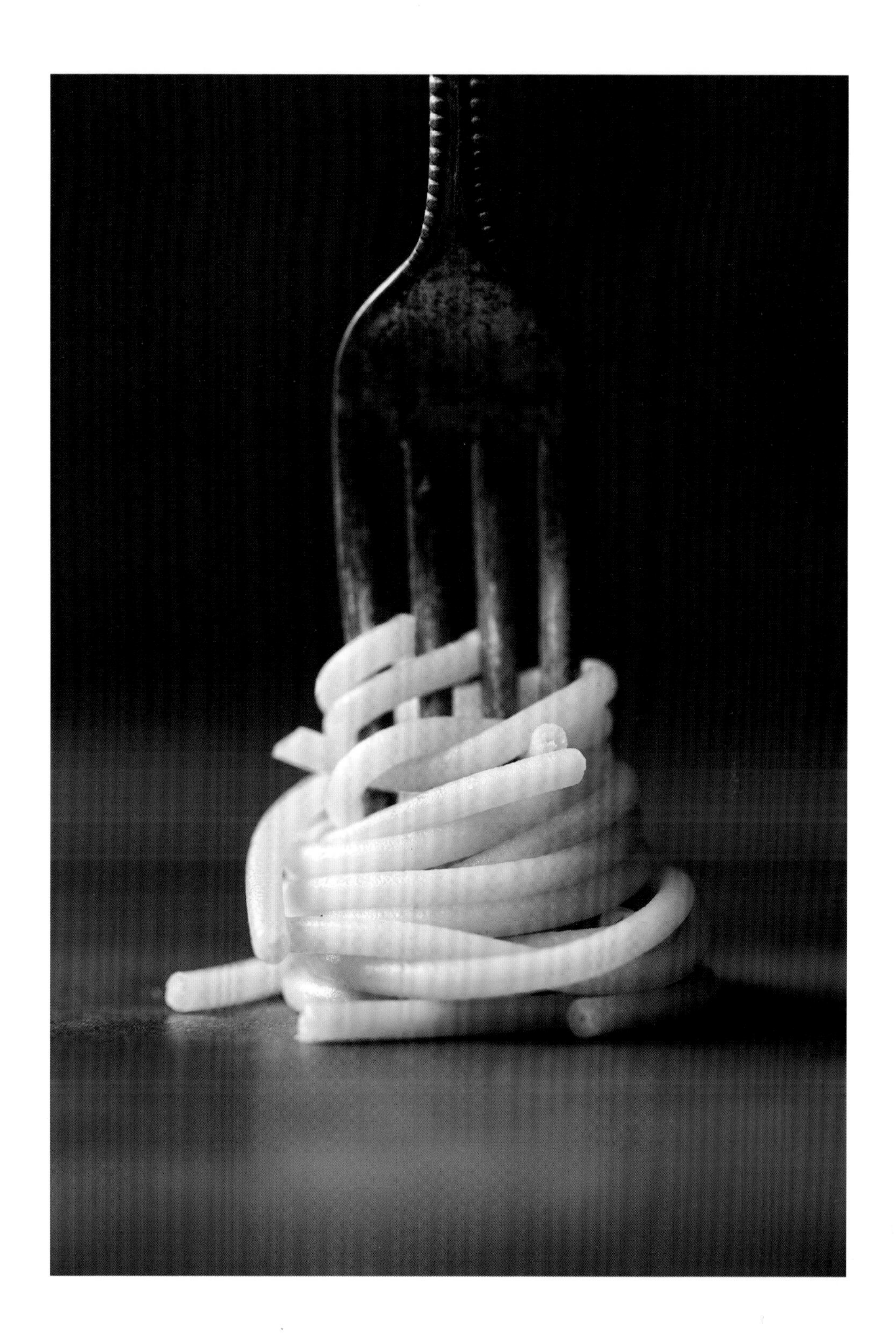

Chapter_2

用冰箱食材輕鬆完成的
簡易義大利麵

這一章收錄了緊急情況時最實用的各式食譜，
就算沒有特別的食材，也能做出像家常菜般美味的樸實義大利麵。
從冰箱裏的基本食材──雞蛋、豆腐、泡菜等，
到只吃過一、兩次就一直冰在冰箱某個角落的醃橄欖、
墨西哥辣椒等醃漬食品；
還有每次購買份量都很多的當季蔬菜──茄子、菠菜、青花菜，
甚至是塞在廚房上櫃的罐頭們，
以及冰在冷凍庫占位子的魩仔魚和黃太魚乾，一應俱全！
不僅有用手邊的材料就能完成的實用義大利麵，
也有只加基本醬汁和一兩種食材就非常好吃的簡易義大利麵。
同時還有讓料理更輕鬆的「料理小秘訣」和「樸實的食材小故事」，
讓你更享受所有料理的過程。

OIL SAUCE

泡菜香蒜橄欖油義大利麵

在香蒜橄欖油義大利麵中加入酸度較高的泡菜，是一道能快速上菜的義大利麵。
酸爽的泡菜加上韓國的青陽辣椒，讓這道麵的鮮美更上一層樓。
如果要和小孩一起吃，可以省略辣椒的部分。

25~35
minute

- 義大利細圓麵約2把
  （或圓麵，140g）
- 大蒜10瓣（50g）
- 青陽辣椒1根
- 較熟的白菜泡菜1又1/3杯
  （200g）
- 橄欖油2大匙＋2大匙
- 煮麵水1杯（200ml）
- 現磨黑胡椒適量
- 鹽適量

醬料

- 砂糖1小匙
- 辣椒粉1小匙
- 醬油1/2小匙

樸實的食材小故事

泡菜這個食材，堪稱是冰箱中最後的堡壘。泡菜香蒜橄欖油義大利麵是一道無需其他材料，只用泡菜就能做出美味義大利麵的友善料理。如果泡菜味道太鹹，可減少調味的醬油用量，最後試過味道再加鹽調整鹹度。

1 在滾水（10杯水＋1大匙鹽）中放入義大利細圓麵烹煮（參照包裝上時間），煮好以後舀出1杯（200ml）煮麵水備用。將麵放進瀝水籃中瀝乾水分。

2 將大蒜切片；青陽辣椒切碎。刮除泡菜上的醬料，以手用力擠出泡菜的水分之後，將泡菜切成寬0.5cm的細條。

3 將2大匙橄欖油和蒜片放入熱好的平底鍋中，以小火炒5分鐘，再放入泡菜和所有醬料食材，以中火翻炒2分鐘。

4 倒入1杯煮麵水，以中火煮滾1分鐘。

5 放入①的義大利細圓麵和青陽辣椒，以中火翻炒2分鐘。關火，淋上2大匙橄欖油，前後甩動平底鍋使其混合均勻。

6 撒上現磨黑胡椒混合後盛盤上菜。★若味道不夠鹹可以此時再增加鹽分。

OIL SAUCE

茄子大醬義大利麵

很適合招待長輩的一道韓式義大利麵，加了與茄子味道很搭的大醬增添風味。
茄子容易吸收油分，所以先另外炒過，最後再和所有食材混合，才能維持茄子的口感。

25~35
minute

- 義大利圓麵約2把
  （或細扁麵，140g）
- 茄子2條（300g）
- 蔥白20cm
- 蔥綠10cm
- 鹽適量
- 橄欖油1大匙＋1大匙
- 蒜泥1小匙
- 煮麵水3/4杯（150ml）
- 紫蘇油1小匙
- 現磨黑胡椒適量

醬料

- 砂糖1/2小匙
- 醬油1小匙
- 大醬2小匙

樸實的食材小故事

茄子是夏天盛產的蔬菜，很容易一次買太多，這時就用占滿蔬果冷藏區的茄子做一道茄子大醬義大利麵吧！用油炒過的茄子能提升β-胡蘿蔔素的吸收率，更是營養滿分。

1 在滾水（10杯水＋1大匙鹽）中放入義大利圓麵烹煮（參照包裝上時間），煮好以後舀出3/4杯（150ml）煮麵水備用。將麵放進瀝水籃中瀝乾水分。

2 把茄子對半切後斜切成厚片；蔥斜切。★炒的過程會使茄子釋出水分變薄，所以切得厚一點會比較好吃。

3 在熱好的平底鍋中放入茄子、少許鹽，以中火炒5～6分鐘，將茄子炒至焦黃即可取出備用。★也可以在步驟②時將茄子另外烤熟。

4 在③的平底鍋中倒入1大匙橄欖油、蔥白和蒜泥，以小火炒2分鐘。

5 倒入3/4杯煮麵水和所有醬料，以中火煮滾後放入①的義大利圓麵，翻炒2分鐘後關火。

6 放入茄子、蔥綠，再淋上1大匙橄欖油、1小匙紫蘇油。撒上現磨黑胡椒，前後甩動平底鍋使其混合均勻。裝盤上菜。★若味道不夠鹹可以此時再增加鹽分。

OIL SAUCE

橄欖醬義大利細圓麵

在青醬裏加了香菜，為可能稍嫌單調的醬汁增添風味。
橄欖本身味道偏鹹，所以最後的帕米吉阿諾乳酪用量請依個人喜好適度調整。

- 義大利細圓麵約2把
  （或圓麵，140g）
- 煮麵水1/4杯（50ml）
- 現磨帕米吉阿諾乳酪
  約2大匙（或帕瑪森
  起司粉，12g）

橄欖青醬

- 醃漬黑橄欖20顆
  （或綠橄欖，40g）
- 大蒜1瓣（5g）
- 香菜葉（或巴西里）2g
- 醃橄欖汁液3大匙
- 橄欖油3大匙
- 現磨黑胡椒適量

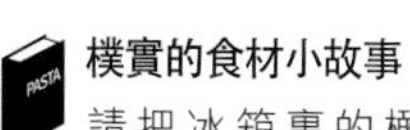

樸實的食材小故事

請把冰箱裏的橄欖拿來做成橄欖青醬吧，使用黑橄欖、綠橄欖都可以。但如果是裏面還有籽的橄欖，請務必去籽後再製作。可以選購標籤上寫有「pitted（去籽）」的產品，就能買到無籽橄欖了。

1 在滾水（10 杯水＋ 1 大匙鹽）中放入義大利細圓麵烹煮（參照包裝上時間）。

2 舀出 1/4 杯（50ml）煮麵水備用；將麵放進瀝水籃中瀝乾水分。

3 把橄欖青醬的材料放進食物調理機中攪碎。★可以依個人喜好選擇要磨細或是保留部分口感。

4 將①的細圓麵、1/4 杯煮麵水和③的青醬放入熱好的平底鍋中，再以中火翻炒 2 分鐘。★煮麵水可以一點一點混入，來調整成想要的醬汁濃度。

5 裝盤，撒上現磨的帕米吉阿諾乳酪，上菜。★若味道不夠鹹可以此時再增加鹽分。

OIL SAUCE

香蒜墨西哥辣椒麵

醃漬墨西哥辣椒、大蒜搭配義大利辣椒，讓香辣的境界更升一級。
醃漬墨西哥辣椒要盡量切細，才方便和義大利麵一起入口，
再加上醃辣椒的汁液，酸爽的味道增添異國風情。

20~30
minute

- 義大利圓麵約2把（或細圓麵，160g）
- 大蒜10瓣（50g）
- 醃漬墨西哥辣椒5根（50g）
- 橄欖油3大匙
- 煮麵水3/4杯（150ml）
- 義大利辣椒（或泰國辣椒）4根，切成2～3截
- 醃漬墨西哥辣椒的汁液1大匙
- 鹽適量
- 現磨黑胡椒適量
- 現磨帕米吉阿諾乳酪約2大匙（或帕瑪森起司粉，12g）

料理小祕訣

這是一道讓曾是配角的醃漬墨西哥辣椒搖身一變當上主角的義大利麵。可以一口氣吃到大量的醃辣椒。使用整根醃辣椒切成細絲，才能搭配麵條的口感，吃起來會更加美味。

1 在滾水（10杯水＋1大匙鹽）中放入義大利圓麵烹煮（參照包裝上時間），煮好以後舀出3/4杯（150ml）煮麵水備用。將麵放進瀝水籃中瀝乾水分。

2 大蒜切薄片；醃漬墨西哥辣椒對半切後切成細絲。

3 將橄欖油和蒜片放入熱好的平底鍋中，以小火翻炒5分鐘至蒜片呈金黃色。

4 放入3/4杯煮麵水和義大利辣椒，以中火煮滾後繼續攪拌加熱30秒鐘。

5 放入①的義大利麵、醃漬墨西哥辣椒和醃辣椒的汁液，用中火翻炒2分鐘後關火。
★若味道不夠鹹可以此時再增加鹽分。

6 撒上現磨黑胡椒混合均勻，撒上現磨的帕米吉阿諾乳酪，盛盤上菜。

OIL SAUCE

甜椒麻花捲麵

可以吃出熱炒甜椒的甘甜義大利麵，能品味蔬菜本身帶有的淡淡甜味。
是一道適合在氣溫偏低的秋冬季享用的簡單料理。

- 麻花捲麵約1又1/4杯（或斜管麵、螺旋麵，100g）
- 甜椒3個（600g）
- 蘆筍2支（約40g）
- 橄欖油1大匙
- 現磨帕米吉阿諾乳酪約2大匙（或帕瑪森起司粉，12g）
- 鹽適量

醬汁

- 新鮮巴西里切碎5大匙（或乾燥綜合香料）
- 洋蔥切碎3大匙（30g）
- 煮麵水4大匙（60ml）
- 橄欖油6大匙
- 鹽1/3小匙＋少許
- 蒜泥1小匙
- 魚露（鯷魚或玉筋魚）1又1/2小匙
- 現磨黑胡椒適量

樸實的食材小故事

熱量很低且又富含維生素的甜椒，是能替義大利麵平衡營養成分的重要食材。使用各色甜椒，還有促進食欲的功效。用大火熱炒能使甜椒呈現直火烘烤般的迷人風味和柔軟口感，更能提升甜味。

1 在滾水（10 杯水＋ 1 大匙鹽）中放入麻花捲麵烹煮（參照包裝上時間），煮好以後舀出 4 大匙（60ml）煮麵水備用。將麵放進瀝水籃中瀝乾水分。

2 把醬汁材料放入大碗中，均勻混合後加入①的麻花捲麵拌勻。

3 甜椒先切成 4 等分，去籽後再切成寬 0.5cm 的細絲；蘆筍削掉尾端和外皮後斜切成厚 1cm 的長條狀。

4 以大火預熱平底鍋 30 秒鐘，接著放入橄欖油、甜椒和鹽，大火爆炒 4 分鐘後加入蘆筍，火力不變繼續炙烤 1 分鐘。

5 在②的碗裏放入④的食材攪拌均勻，裝盤，再撒上現磨的帕米吉阿諾乳酪，上菜。

★若味道不夠鹹可以此時再增加鹽分。

OIL SAUCE

豆腐義大利細圓麵

將一塊豆腐壓碎放進義大利麵作為佐料，味道清淡甘美，堪稱一絕。
再加入菇類增添整道料理的口感，紫蘇油和紫蘇粉的香味深深沁入豆腐之中，
直到最後一口都能品嘗到香醇滋味。

- 義大利細圓麵約1又1/2把（或圓麵，120g）
- 綜合菇類200g（或是秀珍菇4把、香菇8朵、金針菇1又1/3包、洋菇10朵）
- 洋蔥1/5個（40g）
- 豆腐大塊包裝2/3塊（200g）
- 食用油2大匙
- 蒜泥1小匙
- 鹽1/3小匙＋少許
- 煮麵水1/2杯（100ml）
- 濃醬油1又1/2小匙
- 紫蘇油1大匙
- 紫蘇粉4大匙
- 現磨胡椒粉適量

料理小祕訣

雖然價格平易近人，菇類和豆腐卻有著很高的營養價值。使用哪種菇類都沒問題，豆腐可以選偏硬、適合煎的豆腐，水分會比煮湯用的嫩豆腐少，才不會變得太過軟爛。如果要用嫩豆腐，可以先用棉布包裹豆腐，盡量把水分擠乾後再使用。

1 在滾水（10杯水＋1大匙鹽）中放入義大利細圓麵烹煮（參照包裝上時間），煮好以後舀出 1/2 杯（100ml）煮麵水備用。將細圓麵放進瀝水籃中瀝乾水分。

2 把所有菇類剪掉蕈根、切成方便入口的大小；洋蔥切成 0.5cm 的細絲；用菜刀側面將豆腐壓碎，並用手擠出豆腐的水分。

3 將食用油、蒜泥、綜合菇類、洋蔥絲和鹽放入熱好的平底鍋中，以中火翻炒 3 分鐘至食材呈焦黃色。

4 放入豆腐、①的細圓麵、1/2 杯煮麵水和濃醬油，以中火翻炒 2 分鐘，關火。

5 淋上紫蘇油，撒上紫蘇粉和現磨黑胡椒，前後甩動平底鍋使其混合均勻。盛盤上菜。★味道不夠鹹可以此時再增加鹽分。

OIL SAUCE

黃太魚乾解酒義大利麵

覺得肚子有點空虛，或旁邊有人正在為宿醉所苦時，都很推薦煮一下這道解酒義大利麵。
黃太魚乾熬出的濃白湯頭，可以讓糾結的腸胃瞬間舒緩下來，
大口喝下微辣的爽口湯汁，一瞬間就能吃得碗底朝天呢！

20~30
minute

- 義大利圓麵2把
  （或細扁麵，160g）
- 黃太魚乾〔譯註1〕乾絲
  1又1/2杯（或一般明太魚乾絲，30g）
- 蔥20cm
- 青陽辣椒1根
- 紅辣椒1根
- 芝麻油1大匙
- 蒜泥1大匙
- 泡黃太魚乾絲的水
  2又1/2杯（500ml）
- 蠔油1大匙
- 鹽適量

樸實的食材小故事

在冷凍庫裏備著一包黃太魚乾，就會讓人覺得很安心。如果是用還沒處理過的黃太魚自製魚乾絲，可以把魚肉剝下裝在密閉容器或夾鏈袋中保管。剩下的魚頭、堅硬的外皮和魚骨，可另外蒐集起來拿來熬湯，黃太魚乾可說是一種全身都是寶的食材。

1 在滾水（10 杯水＋ 2 大匙鹽）中放入義大利圓麵烹煮（參照包裝上時間），煮好以後將麵放進瀝水籃中瀝乾水分。

2 將黃太魚乾絲剪成 5cm 長度放入大碗，再加入 3 杯（600ml）水浸泡 5 分鐘，魚乾絲泡開後拿出來用手擠乾水分。泡過魚乾的水留下備用。

3 蔥、青陽辣椒和紅辣椒全部斜切。

4 在熱好的平底鍋中放入芝麻油、黃太魚乾絲和蒜泥，用中火翻炒 2 分鐘。

5 倒入泡過黃太魚乾的水 2 又 1/2 杯，以大火煮滾後加入義大利麵、蠔油和③的配料，轉成中火續煮 2 分鐘，即可裝盤。★味道不夠鹹可以此時再增加鹽分。

〔譯註1〕黃太魚乾：
由黃線狹鱈（明太魚）製成的鹽漬韓式魚乾，其中在冬季的山間結凍曬乾，有著金黃色澤的最高級魚乾，才能被稱為黃太魚乾（황태）。

OIL SAUCE

菠菜培根義大利麵

使用巴薩米克醋增添風味的菠菜義大利麵。
以往總是把菠菜汆燙來吃，用炒的話會比水煮的堅韌口感清脆許多，
這是一道可以盡情享用當令菠菜，樸實而美味的家庭式義大利麵。

25~35
minute

- 義大利圓麵約2把
  （或細扁麵，140g）
- 杏鮑菇1支（80g）
- 菠菜3把（150g）
- 培根3條（42g）
- 橄欖油1大匙＋2大匙
- 煮麵水1/4杯（50ml）
- 巴薩米克醋2小匙
- 砂糖1小匙
- 現磨黑胡椒適量
- 現磨帕米吉阿諾乳酪約2大匙（或帕瑪森起司粉，12g）
- 鹽適量

樸實的食材小故事

菠菜在韓國冬天的時候是最便宜的當季蔬菜。台灣主要產地在雲林、高雄及桃園市，栽植「本土種」與「日本888」兩大類品種，11月至隔年4月是盛產期。用不完的菠菜可滾水汆燙後擠乾水分，再依每餐的分量分裝至夾鏈袋中冷凍保存。

1 在滾水（10杯水＋1大匙鹽）中放入義大利圓麵烹煮（參照包裝上時間），煮好以後舀出1/4杯（50ml）煮麵水備用。將麵放進瀝水籃中瀝乾水分。

2 杏鮑菇沿長邊對半切，再斜切成厚0.5cm的薄片；菠菜切掉根部，再切成一半的長度；培根切成寬2cm長條狀。

3 在熱好的平底鍋中放入橄欖油1大匙和培根，以小火炒3分鐘，再加入杏鮑菇炒2分鐘，最後放入菠菜繼續翻炒30秒鐘。

4 放入①的義大利麵、1/4杯煮麵水，開中火翻炒2分鐘，然後再加入巴薩米克醋、砂糖和2大匙橄欖油，翻炒30秒鐘。

5 關火，撒上現磨黑胡椒和帕米吉阿諾乳酪，盛盤上菜。

★若味道不夠鹹可以此時再增加鹽分。

OIL SAUCE

明太子奶油義大利細圓麵

醃明太卵（明太子）在韓國是最下飯的小菜之一，
拿來搭配義大利麵也能保有它獨特的鹹香濃郁滋味。
醇厚的奶油襯托了明太魚卵的鹹香，再加上青陽辣椒，增添爽口的辣度。

25~35
minute

- 義大利細圓麵約2把（或圓麵，160g）
- 大蒜8瓣（40g）
- 青陽辣椒2根（可省略）
- 明太子1又1/2條（90g）
- 食用油1大匙
- 白葡萄酒（或清酒）2大匙
- 煮麵水1杯（200ml）
- 無鹽奶油1大匙（10g）
- 現磨黑胡椒適量
- 鹽適量

樸實的食材小故事

明太子屬於單次購買的分量少，且價格也偏高的食材。在韓國、日本若上網搜尋「明太子切子」，可找到比較便宜的明太子購買來源；切子是指味道一樣但有破損，或外觀不好看因此無法原價販售的商品，大概可以用一半左右的價格買到。台灣的話，可以在線上購物商城或超市買明太子，或是購物網站找到明太子醬（日本產）。

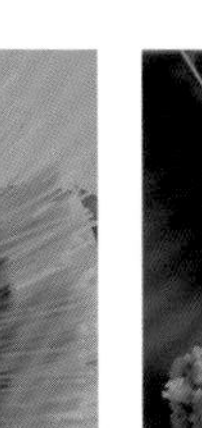

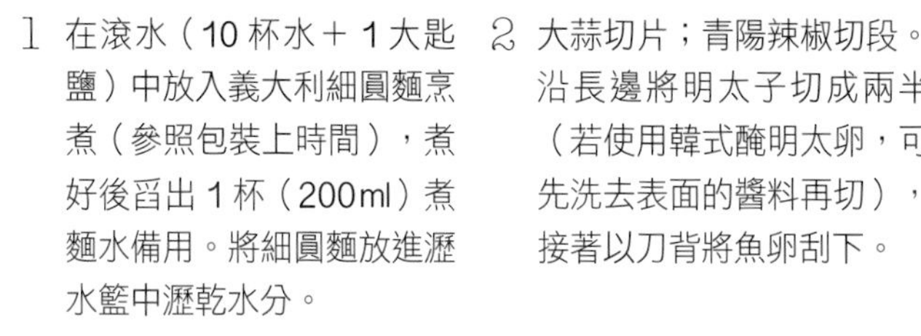

1 在滾水（10杯水＋1大匙鹽）中放入義大利細圓麵烹煮（參照包裝上時間），煮好後舀出1杯（200ml）煮麵水備用。將細圓麵放進瀝水籃中瀝乾水分。

2 大蒜切片；青陽辣椒切段。沿長邊將明太子切成兩半（若使用韓式醃明太卵，可先洗去表面的醬料再切），接著以刀背將魚卵刮下。

3 在熱好的平底鍋中放入食用油和蒜片，以中火翻炒2分鐘，接著放入明太子炒1分鐘，再倒入白葡萄酒翻炒30秒鐘。

4 倒入1杯煮麵水，煮滾後繼續加熱2分鐘，然後加入①的細圓麵和青陽辣椒，以中火翻炒2分鐘。

5 關火，放上無鹽奶油，撒上現磨黑胡椒，待奶油融化後混合均勻，盛盤上菜。

★若味道不夠鹹可以此時再增加鹽分。

OIL SAUCE

辣味鮮蝦節瓜細扁麵

這道義大利麵大量使用夏季盛產的節瓜，並加入鮮味十足的蝦醬，
再用 Q 彈的新鮮蝦肉補充不夠的蛋白質，增添彈牙口感。
多汁的蔬菜和海鮮食材讓整道麵更顯濕潤可口。

20~30
minute

- 義大利細扁麵約2把（或圓麵，140g）
- 新鮮白蝦肉約3/4杯（100g）
- 節瓜1條（270g）
- 洋蔥1/4個（50g）
- 辣油2大匙
- 蒜泥1小匙
- 義大利辣椒4根，切成3～4等分（或泰國辣椒、青陽辣椒切段）
- 煮麵水1杯（200ml）
- 韓式蝦醬汁液2又1/2小匙
- 橄欖油2大匙
- 現磨黑胡椒適量
- 鹽適量

醃料

- 清酒1大匙
- 鹽1/3小匙
- 現磨黑胡椒適量

樸實的食材小故事

價格平實的韓國節瓜深受大眾喜愛，也是韓國人認為吃了就能戰勝酷暑的夏季蔬菜。節瓜的熱量低又富含纖維質，拿來搭配碳水化合物較多的義大利麵，更是卓越的選擇。

在台灣市售節瓜原大多以進口為主，近年本土也有種植，市場、超市和量販店都可以買到。

1 在滾水（10 杯水＋ 1 大匙鹽）中放入義大利細扁麵烹煮（參照包裝上時間），煮好後舀出 1 杯（200ml）煮麵水備用。將細扁麵放進瀝水籃中瀝乾水分。

2 把新鮮蝦肉放入碗中，加入醃料拌勻後靜置 10 分鐘。節瓜、洋蔥切成寬 0.5cm 的細絲。

3 在熱好的平底鍋中放入辣油、蒜泥、節瓜、洋蔥和切好的辣椒段，以中火翻炒 3 分鐘。

4 放入 1 杯煮麵水、韓式蝦醬汁液和蝦肉，以中火煮滾後繼續煮 2 分鐘，再加入細扁麵翻炒 2 分鐘，關火。

5 淋上橄欖油，撒上現磨黑胡椒，前後甩動平底鍋使其混合均勻，即可盛盤。★味道不夠鹹可以此時再增加鹽分。

OIL SAUCE

辣味魚板義大利麵

把魚板和蔬菜切成細絲，配上滑順的義大利麵條一口氣吸進嘴裡享用的美味義大利麵。
因為魚板容易吸水，最後收尾時記得淋上橄欖油，才能維持麵的濕潤口感。

20~30
minute

- 義大利圓麵約1又1/2把（或細扁麵，120g）
- 方形魚板（甜不辣）2片（100g）
- 洋蔥1/4個（50g）
- 胡蘿蔔1/5條（40g）
- 青陽辣椒1根
- 橄欖油2大匙＋3大匙
- 蒜泥1/2大匙
- 煮麵水1杯（200ml）
- 現磨黑胡椒適量
- 鹽適量（依個人喜好增減）

醬料

- 醬油1/2大匙
- 蠔油1大匙
- 砂糖1/2小匙

料理小祕訣

魚板建議購買魚肉含量較高的產品，如果擔心魚板太油，可以先用熱水燙過之後再使用。要是一次購買的量比較多，也可以將魚板分裝之後再冷凍保存。

1 在滾水（10 杯水＋ 1 大匙鹽）中放入義大利圓麵烹煮（參照包裝上時間），煮好以後舀出 1 杯（200ml）煮麵水備用。將麵放進瀝水籃中瀝乾水分。

2 魚板、洋蔥、胡蘿蔔切細絲；青陽辣椒切段。把醬料食材放入小碗中拌勻。

3 在熱好的平底鍋中放入 2 大匙橄欖油、蒜泥、魚板、洋蔥、胡蘿蔔和青陽辣椒，以中火翻炒 2 分鐘，接著放入醬料翻炒 1 分鐘。

4 放入 1 杯煮麵水，以中火煮滾後放入①的義大利麵，繼續翻炒 2 分鐘，關火。

5 淋上 3 大匙橄欖油，撒上現磨黑胡椒，前後甩動平底鍋使其混合均勻，裝盤上菜。

★若味道不夠鹹可以此時再增加鹽分。

OIL SAUCE

魩仔魚乾細圓麵

想吃點不一樣的義大利麵的時候，推薦這道特別的料理。
原本以為魩仔魚乾只是營養的小菜，搭配麵條卻能完成香辣爽口的清炒義大利麵。
材料樸實卻獨具風味，加入大量魩仔魚乾翻炒，可以感受到濃濃的大海香氣。

20~30
minute

- 義大利細圓麵約2把（或圓麵，140g）
- 洋蔥1/4個（50g）
- 大蒜10瓣（50g）
- 青陽辣椒2根
- 橄欖油2大匙+2大匙
- 魩仔魚乾1/2杯（30g）
- 白葡萄酒1/4杯（50ml）
- 煮麵水3/4杯（150ml）
- 魚露（鯷魚或玉筋魚）1大匙
- 現磨黑胡椒適量
- 鹽適量

樸實的食材小故事
魩仔魚以富含鈣質聞名，韓國的魩仔魚乾據說產自南海的是最美味的。如果一次買很多，請將魩仔魚乾分裝在夾鏈袋中冷凍保存。太鹹的話可以裝在篩網中用水洗去鹽分；如果魚腥味太重，則可在沒有抹油的平底鍋裡稍微乾炒過後再使用。

1 在滾水（10杯水+1大匙鹽）中放入義大利細圓麵烹煮（參照包裝上時間）。

2 煮好以後舀出3/4杯（150 ml）煮麵水備用；將細圓麵放進瀝水籃中瀝乾水分。

3 洋蔥切成厚0.5cm之細絲；大蒜切片；青陽辣椒切段。在熱好的平底鍋中放入2大匙橄欖油和蒜片，以小火翻炒5分鐘。

4 加入魩仔魚乾、洋蔥、青陽辣椒，以小火翻炒1分鐘，再加入白葡萄酒，用大火煮1分鐘後加入3/4杯煮麵水和魚露，煮至沸騰。

5 煮滾後加入②的細圓麵，以中火翻炒2分鐘後關火。淋上2大匙橄欖油，撒上現磨黑胡椒混合均勻，盛盤上菜。★若味道不夠鹹可以此時再增加鹽分。

OIL SAUCE

雞肉咖哩細扁麵

想吃咖哩，又覺得咖哩飯飽足感太重的時候，
就在橄欖油基底裡加點咖哩粉炒一盤義大利麵吧。
柔軟的雞柳搭配鮮脆的蘆筍，再撒上一點咖哩粉，便可以享受充滿異國風味的一餐。

- 義大利細扁麵約2把（或寬扁麵，140g）
- 雞柳6條（或雞胸肉1片，150g）
- 蘆筍2支（或蒜苔2根、青椒1/2個、韓國櫛瓜約1/6條，40g）
- 大蒜5瓣（25g）
- 青陽辣椒1根
- 橄欖油1大匙＋2大匙
- 煮麵水1杯（200ml）
- 雞高湯1小匙
- 咖哩粉1大匙
- 現磨黑胡椒適量
- 鹽適量

醃料

- 清酒1大匙
- 咖哩粉2大匙
- 胡椒粉少許

樸實的食材小故事

咖哩粉是少量使用也能大大改變食物風味的一種調味料，適合用在許多料理當中；只要善加利用超市的特價時間，就能以便宜的價格買到雞柳。雞柳可以用夾鏈袋分裝好每餐會使用的量，再冷凍保存，這樣要用的時候就很方便了。

1 在滾水（10杯水＋1大匙鹽）中放入義大利細扁麵烹煮（參照包裝上時間）。煮好以後舀出1杯（200ml）煮麵水備用。將麵放進瀝水籃中瀝乾水分。

2 雞柳切成4等分，放入碗中和所有醃料拌勻之後靜置10分鐘；蘆筍削掉尾端和外皮後斜切成厚0.5cm的長條狀；大蒜切片；青陽辣椒切段。

3 在熱好的平底鍋中放入1大匙橄欖油和②的雞柳，以中火翻炒2分鐘，之後加入蘆筍，翻炒1分鐘後全部取出備用。

4 在③的鍋裏加入2大匙橄欖和蒜片，以小火翻炒4分鐘，再加入青陽辣椒翻炒1分鐘。

5 加入1杯煮麵水、雞高湯和1大匙咖哩粉，以中火煮滾後再繼續煮1分鐘，接著加入細扁麵，繼續煮1分鐘。

6 在鍋中加入③的食材，以中火翻炒1分鐘後關火。撒上現磨黑胡椒混合均勻，盛盤上菜。★若味道不夠鹹可以此時再增加鹽分。

OIL SAUCE

酪梨醬貓耳朵冷麵

這道義大利冷麵使用了滋味濃郁，有「森林裏的奶油」之稱的酪梨。
味道清新淡雅的酪梨撒上些許辣椒碎添加辣度，再搭配微苦的芝麻菜，
可以一次享受豐富的味覺饗宴。

- 貓耳朵麵約1又1/3杯（或螺旋麵、蝴蝶結麵，100g）
- 辣椒碎（粗辣椒粉）1又1/2小匙
- 芝麻菜1把（或蘿蔔嬰、芽菜類，15g）
- 現磨帕米吉阿諾乳酪約4大匙（或帕瑪森起司粉，24g）

酪梨青醬

- 酪梨1/2個（100g）
- 炒過的核桃1/4杯（約30g）
- 羅勒葉5片（約5g）
- 現磨帕米吉阿諾乳酪約2大匙（或帕瑪森起司粉，12g）
- 檸檬汁1大匙（10g）
- 橄欖油3大匙
- 蒜泥1小匙
- 現磨黑胡椒適量（依個人喜好增減）

料理小祕訣

酪梨是代表性的後熟型水果之一，要等它放到完全成熟後再使用。完全成熟的酪梨會變成接近黑色的深綠色，買來的酪梨若不夠熟，可以放進米桶或用報紙包好存放在室溫下，等它熟透後再用比較好。

處理酪梨時先清洗擦乾，將刀子縱切順著酪梨轉一圈，用手兩邊反方向旋轉掰開酪梨，以刀顎敲在果核上、取出，除褐色內膜和外皮。

1 在滾水（10 杯水 + 2 大匙鹽）中放入貓耳朵麵烹煮（參照包裝上時間），煮好以後將貓耳朵麵放進瀝水籃中瀝乾水分。

2 酪梨去皮、去籽後切成一口大小。

3 先把核桃、帕米吉阿諾乳酪放進食物調理機中完全磨碎，之後再加入剩下的所有酪梨青醬材料，攪打至細緻。★先把帕米吉阿諾乳酪磨好再放進調理機，可以保證青醬的口感柔滑而均勻。

4 在大碗裡放入貓耳朵麵和③的酪梨青醬，再撒上辣椒碎，均勻混合。★也可一點一點加入煮麵水調整濃度。

5 盛盤，將芝麻菜撕成方便入口的大小裝飾在上面，再撒上現磨的帕米吉阿諾乳酪。

TOMATO SAUCE

卡布里風細圓麵

這道麵是以義大利卡布里島有名的「卡布里沙拉」為靈感製作的番茄紅醬義大利麵，
在番茄醬汁中加入羅勒和新鮮莫札瑞拉起司，簡單完成爽口的美味。
不用太多食材，也能打造出滋味均衡的一盤義大利麵。

10~20
minute

- 義大利細圓麵約2把（或細扁麵，140g）
- 新鮮莫札瑞拉起司1顆（或莫札瑞拉起司條5條，125g）
- 番茄醬汁2杯（參考p.24，或市售番茄醬汁，400ml）
- 煮麵水1/4杯（50ml）
- 現磨黑胡椒適量
- 鹽適量
- 羅勒葉6片（6g）

料理小祕訣

將新鮮莫札瑞拉起司稍微加熱後再吃，就能享受柔軟的口感。如果沒有新鮮莫札瑞拉起司的話，請使用相同分量的莫札瑞拉起司條，可以品嘗到不同口感，吃起來更有韌性。

1 在滾水（10 杯水＋1 大匙鹽）中放入細圓麵烹煮（參照包裝上時間），煮好以後舀出 1/4 杯（50ml）煮麵水備用。將細圓麵放進瀝水籃中瀝乾水分。

2 用手將新鮮莫札瑞拉起司撕成方便入口的大小。

3 在熱好的平底鍋中放入番茄醬汁和1/4杯煮麵水，用小火煮滾後加入①的細圓麵，繼續熬煮2分鐘。

4 加入②的新鮮莫札瑞拉起司和現磨黑胡椒，用小火加熱攪拌 1 分鐘。★若味道不夠鹹可以此時再增加鹽分。

5 關火。撒上用手撕碎的羅勒葉，稍微混合後盛盤上菜。★這時可以再淋上少許橄欖油，增添整體風味。

TOMATO SAUCE

莫札瑞拉起司焗烤麵

還記得在披薩店吃過的回憶中的義大利麵嗎？我們在那裏頭加了培根，
增添香脆的滋味。為了能讓起司拉得長長的，還特別送進烤箱再烘烤一次，
所以番茄醬汁要毫不吝嗇地多放一些，才能保有濕潤的口感。

20~30
minute

- 義大利圓麵2把（或細圓麵，160g）
- 培根約3條（或其他火腿類，42g），切段
- 番茄醬汁3杯（參考p.24，或市售番茄醬汁，600ml）
- 乳酪絲1又1/2杯（150g）
- 橄欖油1大匙
- 現磨黑胡椒適量
- 新鮮巴西里切碎（或乾燥綜合香料，可省略）1大匙

料理小祕訣

在焗烤類的義大利麵中加培根，可以讓麵的整體風味變得酥香濃厚，如果沒有培根，也可以把切片火腿或香腸切塊後加進去。

1 在滾水（10 杯水＋2 大匙鹽）中放入圓麵烹煮（參照包裝上時間），煮好以後將圓麵放進瀝水籃中瀝乾水分。此時將烤箱預熱170℃。

2 在熱好的平底鍋中放入橄欖油和培根，用小火翻炒 3 分鐘後加入番茄醬汁和①的圓麵，繼續拌炒 1 分鐘。

3 關火，放入 1/3 的乳酪絲和現磨黑胡椒，均勻混合。

4 把③裝進耐熱容器中，均勻撒上剩下的乳酪絲。★也可依耐熱容器的大小適量分裝。

5 將容器放進預熱好的烤箱中層，烘烤 10 分鐘至表面金黃後，撒上切碎的巴西里。

TOMATO SAUCE

番茄蛤蜊義大利麵

在可以品嘗到蛤蜊鮮美湯汁的蛤蜊義大利麵中加了番茄紅醬，
讓鮮味更上一層樓的美味麵點。和自製的湯頭一起享用，便能品嘗到更有層次的味道。
加入貝類的義大利麵，在最後加鹽調味之前請一定要先試吃，方便拿捏鹹度。

- 義大利圓麵約2把
  （或細扁麵，140g）
- 吐沙後的蛤蜊1又1/2包
  （海瓜子、環文蛤等，
  300g）
- 大蒜6瓣（30g）
- 蔥白20cm
- 蔥綠10cm
- 橄欖油2大匙＋2大匙
- 白葡萄酒1/4杯（50ml）
- 水1又1/2杯（300ml）
- 番茄醬汁3/4杯
  （參考p.24，或市售番茄醬汁，150ml）
- 現磨黑胡椒適量
- 鹽適量

樸實的食材小故事

環文蛤的尺寸較大顆，可以做出外型令人驚豔的料理；另一方面吃起來卻比海瓜子略多了一點苦味和鹹味。也可以一半用海瓜子，一半用環文蛤，或者所有蛤蜊的分量都使用海瓜子也沒有關係。

1 在滾水（10 杯水＋ 1 大匙鹽）中放入義大利圓麵烹煮（參照包裝上時間），煮好以後將圓麵放進瀝水籃中瀝乾水分。

2 將吐沙後的蛤蜊泡進水中搓洗乾淨，之後瀝乾水分；大蒜切片；蔥白和蔥綠各自切成蔥花。

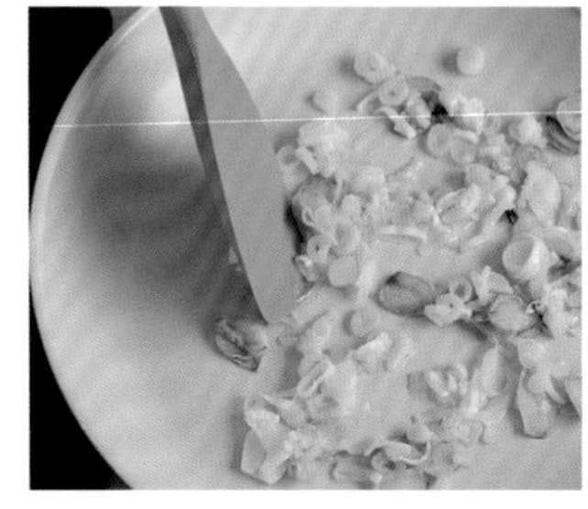

3 熱鍋後在平底鍋中放入 2 大匙橄欖油和蒜片，以小火炒 5 分鐘，之後加入蔥白翻炒 1 分鐘。

4 放入蛤蜊和白葡萄酒，以大火翻炒 2 分鐘。之後倒入 1 又 1/2 杯水，煮滾後蓋上鍋蓋，繼續煮 3 分鐘直到蛤蜊打開為止。

5 放入番茄醬汁和①的圓麵，以中火拌炒 2 分鐘，煮滾後關火。★也可以先把一半的蛤蜊肉挖出來，最後再加入義大利麵裡拌勻。

6 淋上 2 大匙橄欖油，撒上蔥綠和現磨黑胡椒，前後晃動平底鍋使其混合均勻，盛盤上菜。★若味道不夠鹹可以此時再增加鹽分。

TOMATO SAUCE

半熟蛋義大利細扁麵

將天天吃的雞蛋變得稍微特別一點的魔法義大利麵料理。
番茄紅醬用奶油增添分量感，配上半熟蛋，戳破蛋黃的那個瞬間讓人悸動不已。
煮半熟蛋的時候務必要看好時間，才能充分品嘗到蛋黃的濃郁滋味。

- 義大利細扁麵約2把（或圓麵，160g）
- 雞蛋2個
- 橄欖油1大匙
- 辣椒碎（粗辣椒粉）1大匙（或義大利辣椒、青陽辣椒切段）
- 番茄醬汁2又1/2杯（參考p.24，或市售番茄醬汁，500ml）
- 無鹽奶油6大匙（60g）
- 珠蔥（切成蔥花）2大匙

料理小祕訣

雞蛋可說是冰箱裏的萬能天才，如果覺得半熟蛋做起來很困難，也可以煎個半熟的荷包蛋放在義大利麵上享用。沒有奶油的話，可以放2大匙橄欖油代替，品嘗清爽的口感也不錯。

1 在滾水（10杯水＋2大匙鹽）中放入義大利細扁麵烹煮（參照包裝上時間），煮好以後將麵放進瀝水籃中瀝乾水分。

2 在小碗中打入1個雞蛋，接著開火加熱要用來煮半熟蛋的水（5杯水＋1大匙醋），水開後轉成小火，用湯匙在水中畫圈製造出漩渦。

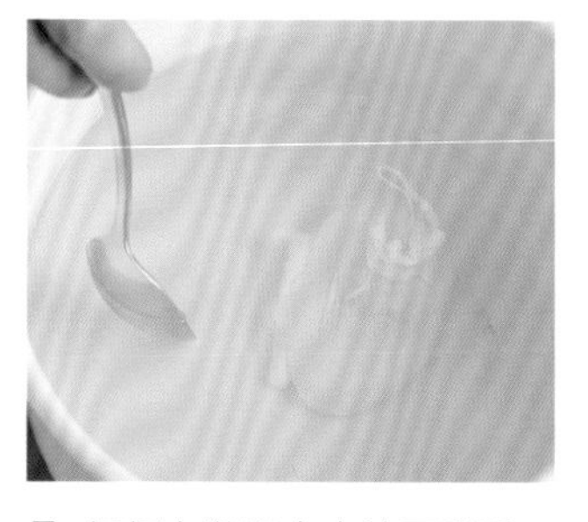

3 輕輕在漩渦中央放下雞蛋，煮2分鐘。中途要時不時在周圍依同方向畫圈避免黏鍋。之後用小的濾網把蛋撈出來，再以同樣方式再煮一個蛋。

4 熱鍋後在平底鍋中放入橄欖油和辣椒碎，以小火翻炒30秒鐘。倒入番茄醬汁煮滾，再加入①的細扁麵繼續拌炒2分鐘。

5 關火，放入無鹽奶油拌勻後盛盤，分別放上半熟蛋和珠蔥。吃的時候先戳破蛋黃，再拌勻享用。

TOMATO SAUCE

洋蔥湯義大利細圓麵

在微涼的天氣急需一碗熱食的時候，這道食譜再實用也不過了。
把冰箱裏的洋蔥炒成深褐色，便可以做出能嘗到洋蔥本身甜味的義大利湯麵。
因為已經事先把麵條折斷，也很適合用湯匙舀著吃。

- 洋蔥1個（200g）
- 無鹽奶油1大匙
  （或橄欖油，10g）
- 橄欖油1大匙
- 義大利細圓麵約2把
  （或短麵約1杯，80g）
- 番茄醬汁1/2杯
  （參考p.24，或市售番茄醬汁，100ml）
- 水3杯（600ml）
- 雞高湯1小匙
- 月桂葉1片（可省略）
- 現磨黑胡椒適量
- 鹽適量

配料

- 培根2條（28g）
- 現磨帕米吉阿諾乳酪適量
  （依個人喜好增減）
- 巴西里適量（或乾燥綜合香料，可省略）

樸實的食材小故事

在料理的世界可謂萬能的洋蔥。台灣洋蔥分為從12月開始採收的早蔥，及3月開始採收的晚蔥，國產洋蔥食用風味遠勝進口洋蔥。洋蔥一次買多的時候建議要保留外皮，用報紙包好放進冷藏室的蔬菜格中，或者存放在通風陰涼處比較好。

1 洋蔥切成厚0.5cm的薄片；培根切碎。

2 熱鍋後在深鍋中放入奶油、橄欖油和洋蔥，用中火炒10分鐘，途中要不時翻炒，直到洋蔥轉為褐色為止。

3 用手折斷義大利細圓麵至方便入口的長度。在滾水（10杯水＋2大匙鹽）中放入細圓麵烹煮（參照包裝上時間），煮好以後將麵放進瀝水籃中瀝乾。

4 把番茄醬汁、3杯水、雞高湯和月桂葉放進深鍋中，用大火煮滾，之後蓋上蓋子以小火繼續熬煮10分鐘。

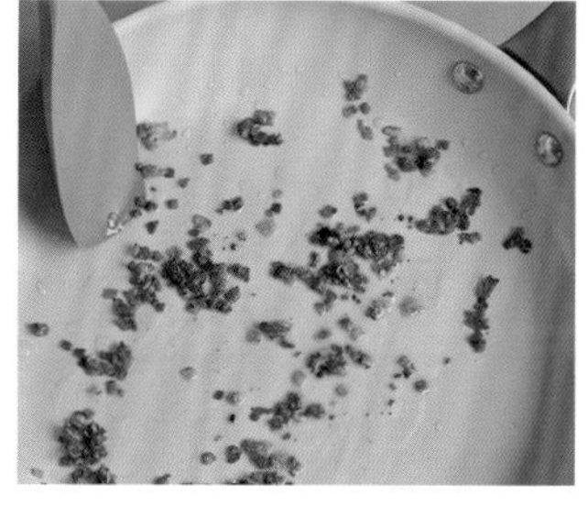

5 熱鍋後把培根放進平底鍋，用小火翻炒5分鐘，等培根變得酥脆之後，再把培根放在廚房紙巾上，吸除油分。

6 把③的義大利麵放進④的湯裏，開小火煮2分鐘，煮滾後關火，裝盤。撒上所有配料和現磨黑胡椒，上菜。

★若味道不夠鹹可以此時再增加鹽分。

TOMATO SAUCE

香腸蒜苔義大利麵

這是一道可以吃到滿滿蒜苔的香腸義大利麵。
有著香腸特有的焦香味和豐富油脂，搭配鮮脆的蒜苔，
再加上新鮮的番茄醬汁，完成爽口不膩的好味道。

- 義大利圓麵約2把（或細扁麵，140g）
- 香腸2根（120g）
- 蒜苔5根（50g）
- 大蒜4瓣（20g）
- 橄欖油1大匙
- 番茄醬汁2杯（參考p.24，或市售番茄醬汁，400ml）
- 煮麵水1/4杯（50ml）
- 現磨帕米吉阿諾乳酪約2大匙（或帕瑪森起司粉，12g）
- 現磨黑胡椒適量
- 鹽適量

樸實的食材小故事

蒜苔是指大蒜的花莖部分，韓國產季在6月，台灣為12月至隔年4月；它的特徵是蒜味較淡，有著爽脆的口感。採買時要選擇顏色鮮綠、感受得到彈性的商品，它和大蒜一樣，是抗氧化效果絕佳的食材之一。

1 在滾水（10杯水＋1大匙鹽）中放入義大利圓麵烹煮（參照包裝上時間），煮好以後舀出1/4杯（50ml）煮麵水備用。將圓麵放進瀝水籃中瀝乾水分。

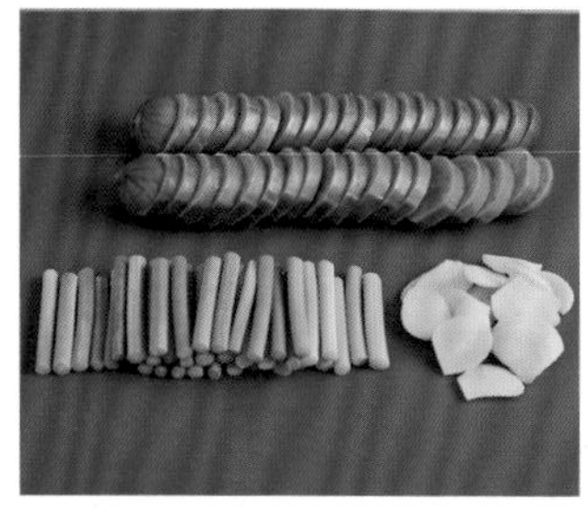

2 將香腸切成0.5cm厚度；蒜苔切成4cm長度；大蒜切片。

3 熱鍋後把橄欖油和蒜片放進平底鍋，用小火翻炒3分鐘，接著放入香腸和蒜苔，轉中火炒3分鐘。

4 倒入番茄醬汁和1/4杯煮麵水，用中火煮滾後放入①的義大利麵，繼續拌炒2分鐘直到再度沸騰，關火。

5 撒上現磨帕米吉阿諾乳酪和黑胡椒，盛盤。★若味道不夠鹹可以此時再增加鹽分。

TOMATO SAUCE

鮪魚番茄斜管麵

加了大量鮪魚罐頭的義大利麵，鮮美的味道總是讓人安心。
因為鮪魚罐頭比較易碎，小秘訣是最後再放，再稍微拌一下就可以了。
煮給孩子們吃的話請省略辣椒的部分。

25~35
minute

- 斜管麵1又3/4杯
（或螺旋麵，120g）
- 洋蔥1/2個（100g）
- 大蒜10瓣（50g）
- 鮪魚罐頭1罐（100g）
- 橄欖油1大匙
- 義大利辣椒2根，切成2～3等分（或泰國辣椒、辣椒碎）
- 現磨黑胡椒適量
- 鹽適量

醬汁

- 番茄醬汁1又1/2杯
（參考p.24，或市售番茄醬汁，300ml）
- 煮麵水1/4杯（50ml）
- 韓式辣椒醬1/2大匙
- 砂糖2小匙

樸實的食材小故事

廚房上櫃總是擺著幾罐鮪魚罐頭，其實很適合用來搭配義大利麵，能補足原本不夠的蛋白質。如果用比較大罐的鮪魚罐頭，可以將剩下的鮪魚裝進密閉容器冷藏保存，盡快用完即可。

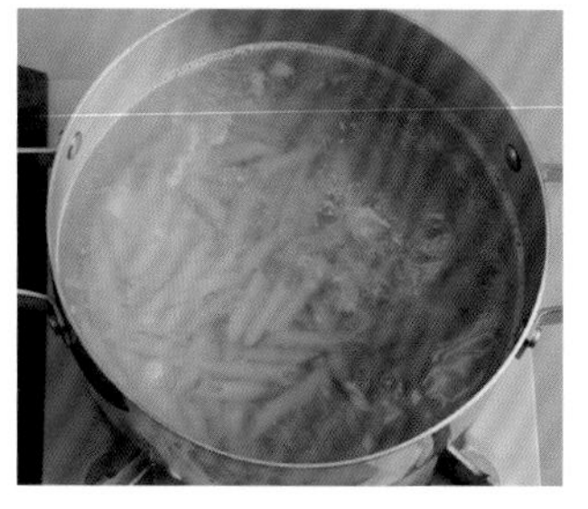

1 在滾水（10 杯水＋ 1 大匙鹽）中放入斜管麵烹煮（參照包裝上時間）。

2 煮好後舀出 1/4 杯（50ml）煮麵水備用。將斜管麵放進瀝水籃中瀝乾水分。

3 洋蔥切碎；大蒜對半切；將鮪魚罐頭倒進濾網，用湯匙按壓，盡量把油瀝乾。

4 熱鍋後把橄欖油和大蒜放進平底鍋，用小火翻炒 3 分鐘，接著放入洋蔥和義大利辣椒，繼續翻炒 2 分鐘。

5 放入所有醬汁材料，煮滾後繼續用小火加熱 3 分鐘，然後放入②的斜管麵翻炒 2 分鐘。關火後倒入鮪魚，撒上現磨黑胡椒拌勻，即可盛盤。★若味道不夠鹹可以此時再增加鹽分。

TOMATO SAUCE

蟹肉粉紅醬義大利麵

番茄紅醬裏加入鮮奶油做成濃郁醬汁，再放上蟹肉棒完成的粉紅醬義大利麵。
粉紅醬的酸味不像一般番茄醬汁那麼重，是孩子們也很容易接受的口味。

- 義大利圓麵約2把（或細扁麵，140g）
- 蟹肉棒6條（短版蟹肉棒，120g）
- 洋蔥1/2個（100g）
- 橄欖油1大匙
- 蒜泥1/2大匙
- 辣椒碎1小匙（粗辣椒粉，或義大利辣椒、青陽辣椒切段）
- 番茄醬汁1杯（參考p.24，或市售番茄醬汁，200ml）
- 鮮奶油1杯（200ml）
- 鹽1/3小匙
- 現磨黑胡椒適量

樸實的食材小故事

蟹肉棒有分為包飯捲用的長條狀和一般的短版，平常下廚時選擇短的蟹肉棒，裏頭的蟹肉成分較多，比較能品嘗到蟹肉的美味。蟹肉棒的保存期限偏短，可以放進夾鏈袋中冷凍保存，使用之前先拿出來在室溫下解凍即可。

1 在滾水（10 杯水＋ 2 大匙鹽）中放入義大利圓麵烹煮（參照包裝上時間），煮好以後將麵放進瀝水籃中瀝乾水分。

2 蟹肉棒用手撕成絲狀；洋蔥切成 0.5cm 厚的細絲。

3 熱鍋後把橄欖油、蒜泥、辣椒碎放進平底鍋，用小火翻炒 30 秒鐘，接著放入②的蟹肉棒和洋蔥，轉中火炒 2 分鐘。

4 放入番茄醬汁、鮮奶油和鹽，用中火煮滾後放入①的義大利麵，續拌炒 2 分鐘。

5 關火，撒上現磨黑胡椒攪拌均勻，裝盤。

TOMATO SAUCE

墨西哥辣肉醬斜管麵

以墨西哥料理——辣肉醬（Chili）為靈感，在香辣的燉菜中加入牛絞肉、腰豆等豐富食材，
再撒上香菜和切達起司，能品嘗到富有層次的味道。
也很適合用來搭配法式長棍麵包或墨西哥薄餅。

- 斜管麵約1杯（短麵，或通心粉，80g）
- 牛絞肉100g
- 罐裝腰豆1罐（432g）
- 洋蔥1/4個（50g）
- 西洋芹30g
- 橄欖油3大匙
- 蒜泥1小匙
- 辣椒粉1大匙
- 鹽適量
- 番茄醬汁1杯（參考p.24，或市售番茄醬汁，200ml）
- 水3杯（600ml）
- 月桂葉1片
- 義大利辣椒（或泰國辣椒）3根
- 現磨黑胡椒適量
- 切達起司片1片（或現磨切達起司，可省略）
- 香菜葉適量（可省略）

料理小祕訣

按照放入義大利麵之前的步驟煮好燉辣肉醬，冷卻後裝進夾鏈袋密封，再壓扁放入冷凍庫保存（可保存7天），就能輕鬆做好方便的常備菜。拿出來在常溫下解凍後倒進鍋子或可微波的容器，加熱後再拌入義大利麵即可，也可以從步驟⑤開始繼續進行下去。

1 在滾水（10杯水＋2大匙鹽）中放入斜管麵烹煮（參照包裝上時間）。煮好以後將斜管麵放進瀝水籃中瀝乾水分。

2 用廚房紙巾把牛絞肉包起來，吸附血水。

3 腰豆用濾網瀝乾水分；洋蔥和西洋芹切碎。

4 熱鍋後把橄欖油、蒜泥、洋蔥和西洋芹碎放進深鍋，用中火翻炒1分鐘，接著加入牛絞肉和鹽翻炒3分鐘。

5 放入腰豆、番茄醬汁、3杯水、月桂葉和辣椒，用大火煮滾後轉成小火，繼續熬煮15分鐘。之後放入①的斜管麵煮2分鐘。

6 關火，撒上現磨黑胡椒拌勻後即可盛盤，最後撒上撕成方便入口大小的切達起司片和香菜葉。

TOMATO SAUCE

香辣五花肉義大利麵

義大利麵和五花肉的組合比想像中更搭，堪稱絕配。
把五花肉充分炒出 Q 彈口感，然後在番茄醬汁中加上香氣十足的辣椒醬和青陽辣椒，
吃起來就像香辣爽口的熱炒料理一樣。

- 義大利圓麵約2把
  （或細扁麵，140g）
- 洋蔥1/4個（50g）
- 青椒1個（或甜椒1/2顆，100g）
- 青陽辣椒1根
- 豬五花肉（或豬頸肉）200g
- 清酒1大匙
- 食用油1/2大匙
- 蒜1/2大匙
- 煮麵水1杯（200ml）
- 現磨黑胡椒適量
- 鹽適量

醬汁

- 韓式辣椒醬1大匙
- 醬油1小匙
- 味醂2小匙
- 番茄醬汁3/4杯（參考p.24，或市售番茄醬汁，150ml）

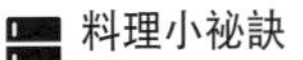

料理小祕訣

油脂很多的五花肉要先另外炒過，把油逼出再使用，就能大幅減少油膩感。也可以在醬汁中加鮮奶油，做成粉紅醬義大利麵享用；只要在步驟⑤時加入1/4～1/2杯（50～100ml）鮮奶油取代煮麵水即可。

1 在滾水（10杯水＋1大匙鹽）中放入義大利圓麵烹煮（參照包裝上時間），煮好以後舀出1杯（200ml）煮麵水備用。將麵放進瀝水籃中瀝乾水分。

2 將洋蔥、青椒切成0.5cm厚的細絲；青陽辣椒斜切；五花肉切成寬1.5cm肉片，並在大碗中先把醬汁充分混合均勻。

3 平底鍋熱鍋後放入五花肉和清酒，用中火煎5分鐘，煎到肉變成焦香的金黃色即可取出備用。

4 把平底鍋洗乾淨，再放入食用油、蒜泥、洋蔥絲、青椒絲和青陽辣椒，用中火翻炒2分鐘。

5 倒入1杯煮麵水和②的醬汁，以中火煮滾1分鐘後放入①的義大利麵和③的五花肉，繼續翻炒2分鐘。

6 關火，撒上現磨黑胡椒攪拌均勻，即可盛盤。★若味道不夠鹹可以此時再增加鹽分。

TOMATO SAUCE

煙燻鴨義大利細扁麵

用煙燻鴨肉搭配大量韭菜的義大利麵，也很適合和覺得義大利麵有些陌生的父母一起享用。有煙燻鴨肉的油脂一起翻炒，更能品嘗到鴨肉濃郁的滋味，最後放的韭菜要用餘熱炒熟，吃起來才不會太韌。

20~30
minute

- 義大利細扁麵約2把（或圓麵，140g）
- 韭菜1/2把（25g）
- 煙燻鴨肉150g
- 青陽辣椒1根，切段
- 橄欖油1大匙
- 蒜泥1大匙
- 番茄醬汁1又1/2杯（參考p.24，或市售番茄醬汁，300ml）
- 煮麵水1/4杯（50ml）
- 現磨黑胡椒適量
- 鹽適量

料理小祕訣

香噴噴的煙燻鴨肉含有豐富的不飽和脂肪酸，是頗具盛名的健康肉類。如果喜歡比較爽口的味道，可以把煙燻鴨肉裝在濾網裡用熱水沖過，就可以去除油脂，吃起來會更加清淡。

1 在滾水（10杯水＋1大匙鹽）中放入義大利細扁麵烹煮（參照包裝上時間），煮好以後舀出1/4杯（50ml）煮麵水備用。將麵放進瀝水籃中瀝乾水分。

2 韭菜切成3cm長度；煙燻鴨肉切成方便入口的大小。

3 平底鍋熱鍋後放入橄欖油、蒜泥、青陽辣椒和煙燻鴨肉，以中火翻炒2分鐘。

4 倒入番茄醬汁和1/4杯煮麵水，以中火煮滾後放入①的細扁麵，再繼續拌炒2分鐘。

5 關火，放上韭菜，加入現磨黑胡椒攪拌均勻，盛盤。

★若味道不夠鹹可以此時再增加鹽分。

TOMATO SAUCE

辣雞粉紅醬寬扁麵

普通的雞肉義大利麵先閃邊去！
這是一道入口瞬間就會讓人精神為之一振，加了大量香辣雞肉的粉紅醬義大利麵。
炒得酥香散發出鑊氣的雞肉和以鮮奶油製成的柔滑粉紅醬，組合出不一樣的新滋味。

- 雞腿肉3～4片（或雞胸肉3片、雞柳12片，300g）
- 義大利寬扁麵2把（或細扁麵、寬版鳥巢麵，160g）
- 橄欖油2大匙
- 番茄醬汁1又1/2杯（參考p.24，或市售番茄醬汁，300ml）
- 鮮奶油1/2杯（100ml）
- 現磨帕米吉阿諾乳酪2大匙（或帕瑪森起司粉，12g）
- 珠蔥（切成蔥花）2支（16g）
- 鹽適量

醬料

- 韓式辣椒粉1又1/2大匙
- 蒜泥2大匙
- 清酒1大匙
- 醬油1大匙
- 是拉差辣椒醬1大匙（可省略）
- 韓式辣椒醬1大匙
- 寡糖糖漿2大匙
- 胡椒粉適量

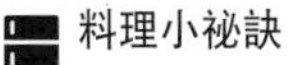

料理小祕訣

如果想吃得清淡一點，也可以使用與雞腿肉等量的（300g）雞柳或雞胸肉，並請在步驟③時把翻炒時間縮短成4～5分鐘。這道食譜的醬料用來做辣炒豬肉也很美味，請一定要試試看。

1 將雞腿肉切成一口大小，和所有醬料拌在一起，醃漬20分鐘。

2 在滾水（10 杯水＋ 2 大匙鹽）中放入義大利寬扁麵烹煮（參照包裝上時間），煮好以後將麵放進瀝水籃中瀝乾水分。

3 平底鍋熱鍋後放入橄欖油和①的雞腿肉，以中火翻炒6～7分鐘，把雞肉炒到香酥後盛起備用。

4 把平底鍋洗乾淨，放入番茄醬汁和鮮奶油，用中火煮滾後加入②的寬扁麵，繼續拌炒 2 分鐘。★若味道不夠鹹可以此時再增加鹽分。

5 把④和雞腿肉放進盤中，撒上現磨帕米吉阿諾乳酪和珠蔥即可。

TOMATO SAUCE

小章魚辣味細扁麵

將肉質鮮嫩富彈性的小章魚炒得香辣爽口的義大利麵，最適合沒有胃口的時候享用了！辣油和青陽辣椒的火熱香氣讓人在料理的時候就不禁口水直流。

20~30
minute

- 義大利細扁麵約2把（或圓麵，140g）
- 洋蔥1/5個（40g）
- 青椒1/2個（或甜椒，50g）
- 青陽辣椒1根
- 處理過的短爪小章魚5~8隻（或處理過的透抽1又1/2隻、長腕章魚2隻，400g）
- 辣油3大匙
- 蒜泥1大匙
- 辣椒粉1大匙
- 白葡萄酒（或清酒）2大匙
- 番茄醬汁2杯（參考p.24，或市售番茄醬汁，400ml）
- 現磨黑胡椒適量
- 鹽適量

料理小祕訣

春天盛產的短爪小章魚肉質飽滿，是最好吃的時候。假如沒有遇到短爪小章魚盛產的季節，可用等量的魷魚、長腕章魚等代替。做為配料的蔬菜也一樣可以善用冰箱中各種剩下的蔬菜。

1 在滾水（10 杯水＋2 大匙鹽）中放入義大利細扁麵烹煮（參照包裝上時間），煮好以後將麵放進瀝水籃中瀝乾水分。

2 把洋蔥、青椒切成 0.5cm 厚的細絲；青陽辣椒切段；處理乾淨的小章魚切成方便入口的大小。

3 平底鍋熱鍋後放入辣油、洋蔥絲、蒜泥和辣椒粉，以小火翻炒 1 分鐘。

4 放入小章魚和白葡萄酒，用大火翻炒 1 分鐘。

5 加入番茄醬汁，轉成中火煮滾後加入①的寬扁麵、青椒絲和青陽辣椒，繼續拌炒 2 分鐘。

6 關火，撒上現磨黑胡椒拌勻，即可盛盤。★若味道不夠鹹可以此時再增加鹽分。

TOMATO SAUCE

肉丸寬版鳥巢麵

在寬版鳥巢麵上放上巨大肉丸，吃的時候要將肉丸壓碎享用的一道義大利麵。
只要先把肉丸做好，無論何時都能輕鬆製作。雖然大口咬下肉丸的口感也很不錯，
但用叉子壓碎，搭配麵體一起細細品嘗更美味。

- 寬版鳥巢麵4球（或寬扁麵，140g）
- 橄欖油1大匙
- 番茄醬汁2杯（參考p.24，或市售番茄醬汁，400ml）
- 煮麵水1/4杯（50ml）
- 羅勒葉6片（6g）
- 現磨黑胡椒適量
- 現磨帕米吉阿諾乳酪約2大匙（或帕瑪森起司粉，12g）
- 鹽適量

肉丸

- 牛絞肉100g
- 豬絞肉100g
- 蒜泥1大匙
- 鹽2/3小匙
- 現磨黑胡椒1小匙

料理小祕訣

先做好肉丸，就能縮短料理的時間。肉丸做到步驟②完成之後，把單顆用保鮮膜包起來，再裝進夾鏈袋中冷凍保存（7天）。常溫下解凍後便可以從步驟④繼續進行下去。

1 用廚房紙巾包起牛絞肉和豬絞肉，吸除血水後放進大碗中，和其餘肉丸材料混合均勻，搓揉3~4分鐘。之後蓋上保鮮膜放進冰箱冷藏10分鐘。

2 將①分成4等分，做成直徑7cm、厚1cm大小的扁圓形肉丸。

3 在滾水（10杯水＋1大匙鹽）中放入寬版鳥巢麵烹煮（參照包裝上時間），煮好以後舀出1/4杯（50ml）煮麵水備用。將寬版鳥巢麵放進瀝水籃中瀝乾。

4 平底鍋熱鍋後放入橄欖油和②的肉丸，兩面各用中火煎1分鐘，之後轉成小火，蓋上鍋蓋繼續煎5分鐘左右，中途要時不時開蓋翻面，煎好後盛起備用。

5 在平底鍋中加入番茄醬汁和1/4杯煮麵水，用中火煮滾後加入③的寬版鳥巢麵，拌炒2分鐘。接著加入④，均勻混合後關火。

6 撒上用手撕碎的羅勒葉和現磨黑胡椒拌勻，盛盤後再撒上現磨帕米吉阿諾乳酪。★若味道不夠鹹可以此時再增加鹽分。

TOMATO SAUCE

明太子白醬義大利麵

香濃白醬和明太子的組合風味絕倫。
明太魚卵在柔滑醬汁中迸裂出鮮美滋味，口感非常特別。
還可以依據個人喜好撒上大量海苔，或放上香噴噴的烤明太子作為裝飾都很不錯。

20~30
minute

- 義大利圓麵約2把
  （或細扁麵，160g）
- 明太子1條（60g）
- 洋蔥1/2個（100g）
- 飯捲用海苔1/2片
- 食用油（或橄欖油）1大匙
- 蒜泥1/2大匙
- 牛奶1杯（200ml）
- 鮮奶油1杯（200ml）
- 現磨黑胡椒適量
- 鹽適量

料理小祕訣

建議盡量選用低鹽的明太子，就算是低鹽產品也已經有足夠鹹度，所以若使用韓式醃明太子卵，要先在流動的水中洗去表面醬料再用。如果要用來做最後裝飾，也要把醬料洗掉放在廚房紙巾上吸除水分，烘烤後再使用。

1 在滾水（10杯水＋2大匙鹽）中放入義大利圓麵烹煮（參照包裝上時間），煮好以後將圓麵放進瀝水籃中瀝乾水分。

2 將明太子處理好備用（參考p.86步驟②）。洋蔥切細絲；飯捲用海苔也剪成細絲。

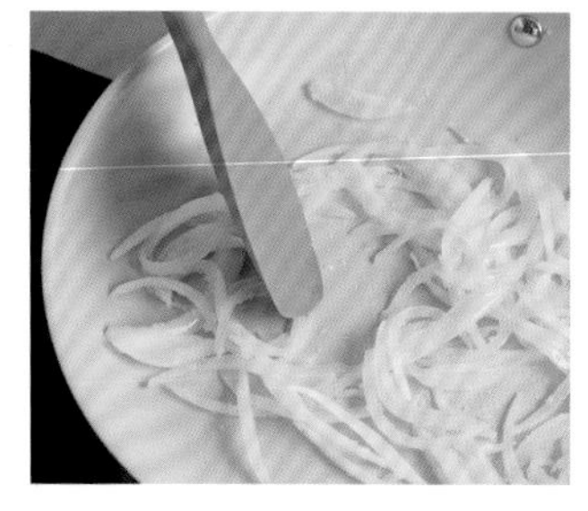

3 在熱好的平底鍋中放入食用油、蒜泥和洋蔥，以小火翻炒3分鐘。

4 倒入牛奶和鮮奶油，以中火煮滾後繼續煮3分鐘，然後放入明太子和①的圓麵，拌炒2分鐘。

5 關火，撒上現磨黑胡椒混合均勻，裝盤後灑上海苔，上菜。★若味道不夠鹹可以此時再增加鹽分。

CREAM SAUCE

牡蠣白醬吸管麵

天氣變冷，牡蠣和貝類的產季就要開始了。這時可以買到滋味濃郁又大顆的新鮮牡蠣。
選用吸管麵的話，因為香濃的醬汁會滲入麵體中間的孔洞，吃起來會更加美味。

25~35
minute

- 吸管麵約2把
  （或寬扁麵，140g）
- 牡蠣2/3杯（200g）
- 大蒜6瓣（30g）
- 珠蔥2支（16g）
- 洋蔥切碎2大匙（20g）
- 橄欖油2大匙
- 牛奶1杯（200ml）
- 鮮奶油1又1/2杯（300ml）
- 鹽1/2小匙＋少許
- 現磨黑胡椒適量

料理小祕訣
牡蠣單純用手洗的話容易傷到肉質，產生腥味。所以建議洗牡蠣時將牡蠣肉放進網篩中，泡在鹽水中搖晃清洗，這時必須使用孔洞較大的網篩，才能順利分開黏液和雜質。

1 在滾水（10杯水＋2大匙鹽）中放入吸管麵烹煮（參照包裝上時間），煮好以後將麵放進瀝水籃中瀝乾水分。

2 將牡蠣放入網孔較大的網篩裏，泡進鹽水（3杯水＋1/2大匙鹽）中，搖晃清洗乾淨，直接拿起網篩將水分瀝乾。

3 大蒜切片；珠蔥切成蔥花。

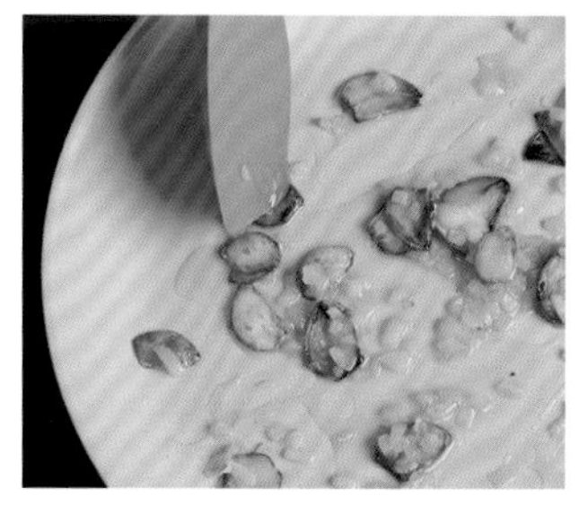

4 在熱好的平底鍋中放入橄欖油和大蒜，以小火翻炒5分鐘，再放入切碎的洋蔥炒1分鐘。

5 放入牛奶、鮮奶油和鹽，以中火煮滾後放入①的吸管麵拌炒2分鐘，再放入牡蠣繼續加熱2分鐘。

6 關火，撒上珠蔥和現磨黑胡椒拌勻，盛盤上菜。★味道不夠鹹可以此時再增加鹽分。

墨西哥辣椒白醬寬扁麵

加入醋醃墨西哥辣椒的義大利麵，微微的辣味讓人印象深刻。
要把墨西哥辣椒切得薄薄的，和麵條搭配起來口感才更加細緻；
墨西哥辣椒的特有風味融進白醬之中，交織出不膩口的俐落滋味。

20~30
minute

- 義大利寬扁麵約2把
  （或細扁麵，160g）
- 洋菇2朵（60g）
- 培根2條（28g）
- 墨西哥辣椒5根（約160g）
- 橄欖油1大匙
- 蒜泥1小匙
- 牛奶1杯（200ml）
- 鮮奶油1又1/2杯（300ml）
- 現磨黑胡椒適量
- 鹽適量

料理小祕訣

如果用的不是整根墨西哥辣椒，而是切片的話，因為很難切薄，可以直接把辣椒切碎使用。寬扁麵則可以用等量的義大利短麵（斜管麵、螺旋麵等）代替，做成可以直接用湯匙享用的義大利麵。

1 在滾水（10杯水＋2大匙鹽）中放入寬扁麵烹煮（參照包裝上時間），煮好以後將麵放進瀝水籃中瀝乾水分。

2 洋菇、培根切成0.5cm薄片；墨西哥辣椒切成薄片。

3 在熱好的平底鍋中放入橄欖油、蒜泥、洋菇和培根片，以中火翻炒2分鐘。

4 加入牛奶、鮮奶油和墨西哥辣椒，以中火煮滾後繼續煮2分鐘，再放入①的寬扁麵拌炒2分鐘。

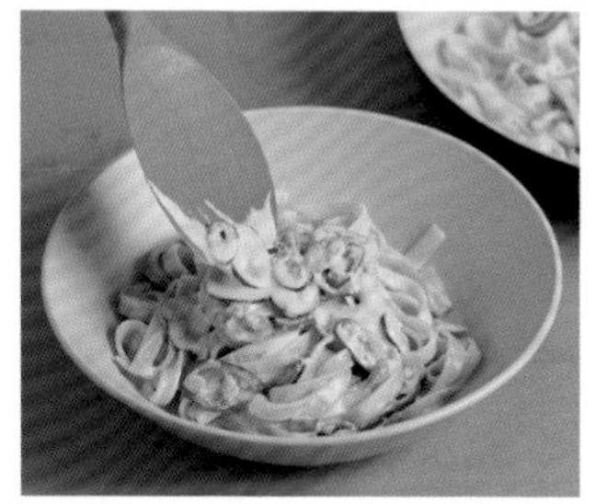

5 關火，撒上現磨黑胡椒和鹽，混合均勻後盛洋菇2朵（60g）裝盤上菜。★味道不夠鹹可以此時再增加鹽分。

CREAM SAUCE

核桃白醬斜管麵

這是一道可以完整品嘗到堅果香氣和濃郁滋味的義大利麵。
脆脆的核桃加上味道溫潤的菇類，組合成富含變化的口感，
吃起來有點像在喝香醇的濃湯，也很適合作為孩子們的特餐。

25~35
minute

- 斜管麵約2杯
  （或螺旋麵，140g）
- 新鮮香菇3朵（或洋菇4朵、杏鮑菇1根，75g）
- 洋蔥1/4個（約50g）
- 橄欖油（或食用油）1大匙
- 蒜泥1大匙
- 現磨黑胡椒適量
- 鹽適量

核桃白醬

- 核桃1杯
  （或其他堅果，80g）
- 牛奶1杯（200ml）
- 鮮奶油1杯（200ml）
- 鹽1/2小匙

料理小祕訣

核桃長得有點像人類的大腦，或許是因為這樣，據說它也對大腦健康很有幫助。料理前要先將核桃用滾水燙過，才能去除核桃表皮的澀味。

1 在滾水（10 杯水＋ 2 大匙鹽）中放入斜管麵烹煮（參照包裝上時間），煮好以後將麵放進瀝水籃中瀝乾水分。

2 把核桃放入滾水（3 杯水）中，用中火燙 2 分鐘後撈起核桃，瀝乾水分。再把所有核桃白醬的材料放進食物調理機中，打成細緻均勻的白醬。

3 香菇和洋蔥都切成 0.5cm 薄片。

4 在熱好的平底鍋中放入橄欖油、蒜泥、香菇和洋蔥，以中火翻炒 3 分鐘。加入核桃白醬，以中火煮滾後繼續拌炒 3 分鐘。

5 放入①的斜管麵，以中火拌炒 2 分鐘。關火，撒上現磨黑胡椒拌勻，盛盤上菜。
★若味道不夠鹹可以此時再增加鹽分。

CREAM SAUCE

香烤大蔥白醬細扁麵

把蔥烤過以後，會出現我們從前都不知道的驚人甜味，
香濃的白醬和既爽口又甘甜的蔥展開了料理的新世界。只要烹煮時間控制得當，
就能把可能有點難咬的蔥炒出鮮脆口感。

30~40
minute

- 義大利細扁麵約1又1/2把（或圓麵，120g）
- 蔥白20cm，4支
- 蔥綠20cm，3支
- 秀珍菇3把（或其他菇類，150g）
- 食用油2大匙
- 蒜泥1大匙
- 煮麵水1杯（200ml）
- 鮮奶油1又1/2杯（300ml）
- 鹽1/2小匙＋少許
- 現磨黑胡椒（或胡椒粉）適量

樸實的食材小故事

蔥是冰箱中一定會有的食材之一，選購時要挑蔥白長而堅硬，散發出光澤，且蔥綠沒有枯萎的蔥。一般蔥白會被拿來熬湯或調製醬汁時使用，蔥綠則是煮、炒、醃漬料理中都經常用到。

1 在滾水（10 杯水＋ 1 大匙鹽）中放入細扁麵烹煮（參照包裝上時間），煮好以後舀出 1 杯（200ml）煮麵水備用。將麵放進瀝水籃中瀝乾水分。

2 把蔥切成長 5cm 的蔥段，再沿長邊剖開成 4 等分；秀珍菇則沿生長方向，用手撕成條狀。

3 將蔥段放入熱好的平底鍋中，用中火加熱 2 分鐘，等蔥轉為褐色後再翻炒 2 分鐘，之後盛起備用。

4 把平底鍋洗乾淨，熱鍋後加入食用油和蒜泥，以中火翻炒 30 秒鐘後加入秀珍菇翻炒 2 分鐘。

5 倒入 1 杯煮麵水和鮮奶油，以中火煮滾後再煮 5 分鐘，過程中持續攪拌。

6 放入①的細扁麵和蔥段，用中火拌炒 2 分鐘。煮滾後即可關火，撒上現磨黑胡椒和鹽，混合均勻後裝盤上菜。
★若味道不夠鹹可以此時再增加鹽分。

CREAM SAUCE

南瓜白醬寬扁麵

用南瓜和豆醬代替鮮奶油做出濃郁白醬的一道義大利麵。
因為要完整保留南瓜的甜味，所以不會使用蒜泥等味道非常強烈的食材。
請嘗嘗看有如南瓜濃湯般的香濃滋味吧。

30~40
minute

- 義大利寬扁麵約2把（或寬版鳥巢麵，140g）
- 南瓜1/2個（400g）
- 秀珍菇1把（50g）
- 大蒜6瓣
- 無糖豆漿2杯（或牛奶，400ml）
- 橄欖油1大匙
- 鹽1小匙（依個人喜好增減）
- 砂糖1/2小匙（依個人喜好增減）

料理小祕訣

把整個南瓜放進微波爐（700W）微波1分鐘後拿出來，南瓜就會變得非常好切。剩下的南瓜可以去籽後用保鮮膜包起來，再放進夾鏈袋中冷藏保存（7天）。

1 在滾水（10杯水＋2大匙鹽）中放入寬扁麵烹煮（參照包裝上時間），煮好以後將麵放進瀝水籃中瀝乾水分。

2 南瓜去皮、去籽後切成一口大小，再將南瓜放進耐熱容器裡，蓋上蓋子。用微波爐（700W）微波5～6分鐘至南瓜完全熟透。

3 南瓜稍微放涼後把2/3的南瓜放進食物調理機中，加入豆漿一起攪打均勻。秀珍菇沿生長方向手撕成條狀；大蒜切片。

4 把橄欖油、蒜片放入熱好的平底鍋中，用小火炒5分鐘，再放入秀珍菇翻炒2分鐘。

5 倒入③的南瓜豆漿，加入鹽和砂糖，以中火煮滾後繼續加熱4分鐘，再放入①的寬扁麵拌炒2分鐘。

★醬汁很快就會變濃稠，所以最好停在稍微有點稀的程度。

6 放入剩下的1/3份南瓜，拌勻後裝盤。可依個人喜好添加鹽或糖。★最後的南瓜可以切成方便入口的大小，或者也可以稍微壓碎。

CREAM SAUCE

切達起司斜管麵

沒有鮮奶油，卻很想吃奶油義大利麵的時候，非常實用的起司醬義大利麵。
切達起司特有的香氣和金黃的色澤讓人印象深刻；
可以吃到彷彿在吃 Mac and cheese（起司通心麵）的香濃滋味。

- 斜管麵約2杯（或螺旋麵、通心粉，140g）
- 大蒜4瓣（20g）
- 洋蔥1/5個（40g）
- 洋菇5朵（100g）
- 橄欖油1大匙
- 牛奶1又1/2杯（300ml）
- 切達起司片6片（120g）
- 現磨黑胡椒適量
- 鹽適量

料理小祕訣

除了切達起司片之外，也可以從超市販售的各種起司中選購自己喜歡的種類來用。請嘗試用高達、卡門貝爾乳酪等做出各種風味獨具的起司醬汁吧！依起司種類不同，可能口味會有輕重之別，所以可參照個人喜好增減起司用量。

1 在滾水（10 杯水＋2 大匙鹽）中放入斜管麵烹煮（參照包裝上時間），煮好以後將麵放進瀝水籃中瀝乾水分。

2 大蒜切片；洋蔥、洋菇切成厚0.5cm薄片。

3 把橄欖油、蒜片放入熱好的平底鍋中，用小火炒 3 分鐘，再放入洋菇和洋蔥轉成中火翻炒 3 分鐘。

4 加入牛奶和切達起司片，用中火加熱並一邊攪拌至起司完全融化為止。

5 放入①的斜管麵，用中火拌炒 3 分鐘，直到醬汁煮滾後關火。

6 撒上現磨黑胡椒混合均勻，盛盤上菜。★若味道不夠鹹可以此時再增加鹽分。

CREAM SAUCE

泡菜白醬義大利麵

我們誠摯推薦這道義大利麵給那些覺得白醬很膩口的讀者，
喜歡泡菜的人可以直到最後一口都吃得非常享受。記得在白醬中加入大量泡菜汁，
才能為醬汁注入濃郁的鮮美滋味。

20~30
minute

- 義大利圓麵2把（或細圓麵，160g）
- 洋蔥1/2個（100g）
- 培根4條（56g）
- 較熟的白菜泡菜1又1/2杯（225g）
- 橄欖油（或食用油）1大匙
- 蒜泥1大匙
- 鮮奶油2杯（400ml）
- 泡菜汁1/2杯（100ml）
- 現磨黑胡椒適量
- 鹽適量

料理小祕訣

假如家中的泡菜味道偏鹹，請把泡菜上附著的醬料清乾淨，再將泡菜汁液擠掉後使用。減少泡菜汁的分量後再補上同樣分量的煮麵水，就可以順利稀釋鹹度。如果想吃得辣一點，也可以在義大利麵裏加1根斜切的青陽辣椒。

1 在滾水（10杯水＋2大匙鹽）中放入義大利圓麵烹煮（參照包裝上時間），煮好以後將麵放進瀝水籃中瀝乾水分。

2 洋蔥、培根切成0.5cm粗細；把泡菜上附著的醬料清乾淨，再將泡菜切成細絲。

3 熱鍋後在平底鍋中加入橄欖油、蒜泥和洋蔥絲，以中火翻炒1分鐘。

4 加入培根絲，用中火炒2分鐘後放入泡菜絲繼續翻炒2分鐘。

5 倒入鮮奶油和泡菜汁，以中火煮滾後再繼續加熱攪拌3分鐘。

6 放入①的義大利圓麵，用中火拌炒2分鐘後關火。撒上現磨黑胡椒，混合均勻後裝盤上菜。★若味道不夠鹹可以此時再增加鹽分。

CREAM SAUCE

飛魚卵培根細扁麵

培根和奶油醬義大利麵的濃郁組合，再加上有著特別口感的飛魚卵。
醬汁使用切達起司代替鮮奶油，帶來香醇的滋味和濃度，最後妝點嫩葉生菜增添清爽感。

20~30
minute

- 義大利細扁麵2把
  （或圓麵，160g）
- 飛魚卵6大匙（約60g）
- 清酒3大匙
- 洋蔥1/4個（50g）
- 培根3條（42g）
- 橄欖油1大匙
- 牛奶1又1/2杯（300ml）
- 切達起司片5片（100g）
- 鹽1/2小匙＋少許
- 現磨黑胡椒適量
- 嫩葉類生菜1把
  （或新鮮萵苣2片，20g）

料理小祕訣
飛魚卵有閃著金光的金黃飛魚卵和橘紅色飛魚卵；甚至還有青綠色的芥末飛魚卵。後兩種是經過調味而且添加色素染色的，可以的話建議盡量選購天然的金黃飛魚卵。

1 在滾水（10杯水＋2大匙鹽）中放入細扁麵烹煮（參照包裝上時間），煮好以後將麵放進瀝水籃中瀝乾水分。

2 在飛魚卵上淋上清酒（3大匙），靜置5分鐘使其解凍後把飛魚卵放進篩網，瀝乾水分。

3 洋蔥切碎；培根切成寬0.5cm長條狀。

4 熱鍋後在平底鍋塗上橄欖油，放入洋蔥和培根，以中火翻炒3分鐘。

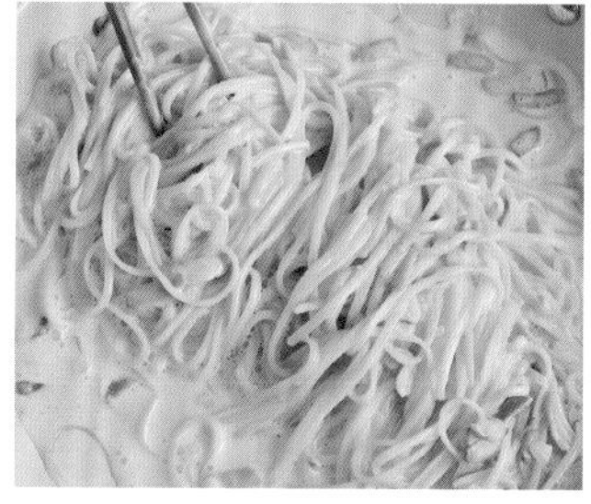

5 加入牛奶和切達起司片，用中火加熱並攪拌至起司融化，再繼續加熱2分鐘後放入①的細扁麵翻炒2分鐘，關火。

6 撒上鹽和現磨黑胡椒拌勻，盛盤，再分別放上飛魚卵和嫩葉類生菜。★若味道不夠鹹可以此時再增加鹽分。

CREAM SAUCE

羅勒白醬蕈菇水管麵

同時使用青醬和白醬，做出了色澤清爽的嫩綠色義大利麵。
除了青醬之外，還加入許多口感彈脆的菇類，並且使用偏厚有嚼勁的水管麵，
白醬被充分吸附在麵體之中，非常好吃。

- 水管麵約32根（約2又1/2杯，或寬扁麵、斜管麵，140g）
- 秀珍菇1把（50g）
- 香菇2朵（50g）
- 洋菇3朵（60g）
- 洋蔥1/4個（50g）
- 橄欖油1大匙
- 鮮奶油1杯（200ml）
- 鹽適量
- 現磨黑胡椒適量

核桃羅勒青醬

- 羅勒葉20片（20g）
- 大蒜2瓣（10g）
- 炒過的核桃6個（約36g）
- 現磨帕米吉阿諾乳酪約5大匙（或帕瑪森起司粉，30g）
- 橄欖油1/2杯（100ml）
- 現磨黑胡椒適量

料理小祕訣

核桃羅勒青醬也可以用p.42的羅勒青醬來取代。不過p.42羅勒青醬中加的帕米吉阿諾乳酪和堅果類的量比較少，味道吃起來更加清爽，可以依個人喜好調整青醬的用量。

1 在滾水（10杯水＋2大匙鹽）中放入水管麵烹煮（參照包裝上時間），煮好以後將麵放進瀝水籃中瀝乾水分。

2 秀珍菇沿生長方向手撕成條狀；香菇和洋菇切成方便入口的大小；洋蔥切成0.5cm細絲。

3 將所有核桃羅勒青醬的材料放入食物調理機中，攪打至細緻。

4 熱鍋後在平底鍋加入橄欖油、所有菇類、洋蔥和鹽，以中火翻炒3分鐘後盛起備用。

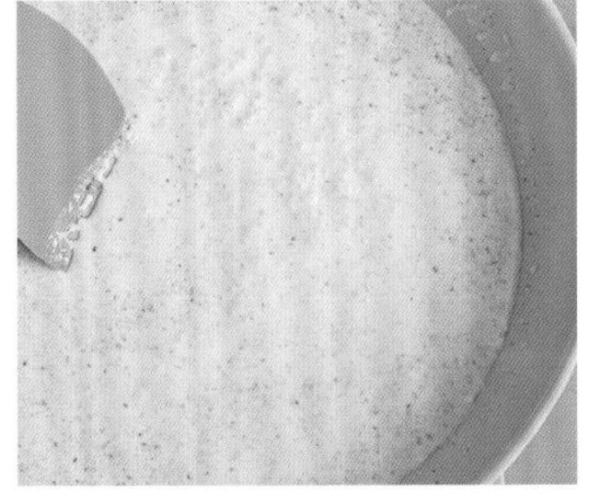

5 在④的鍋中加入鮮奶油，再放入2/3步驟③的核桃羅勒青醬，用中火加熱煮滾後放入①的水管麵，拌炒2分鐘。

6 放入④的所有食材，拌勻後關火。撒上現磨黑胡椒拌勻，盛盤。★可依據個人喜好調整青醬的用量，味道不夠鹹可以此時再增加鹽分。

CREAM SAUCE

玉米白醬麻花捲麵

用奶油乳酪取代鮮奶油做成白醬，可以吃到更加濃醇而獨特的風味。
來感受一下柔軟的新鮮蝦肉、鮮脆的青花菜和脆甜玉米粒咬起來的滿足口感吧！

- 麻花捲麵約1又1/2杯（或通心粉、螺旋麵，120g）
- 洋蔥1/4個（50g）
- 青花菜1/5個（60g）
- 食用油（或橄欖油）1大匙
- 蒜泥1/2小匙
- 新鮮蝦肉100g
- 現磨黑胡椒（或胡椒粉）適量
- 鹽適量

白醬

- 罐裝玉米粒1罐（中罐，180g）
- 牛奶2杯（400ml）
- 置於室溫下的奶油乳酪5大匙（100g）
- 鹽1/2小匙

料理小祕訣

這道料理也可以省略義大利麵，直接做成簡單的濃湯。省略麻花捲麵、青花菜和蝦肉，從步驟④開始把熬煮的時間加長至8分鐘，然後稍微放涼之後放進食物調理機中攪打細緻，即可享用。

1 在滾水（10杯水＋2大匙鹽）中放入麻花捲麵烹煮（參照包裝上時間），煮好以後將麵放進瀝水籃中瀝乾水分。

2 將罐裝玉米粒放進篩網中瀝乾水分後，先另外舀出3大匙備用。接著把所有白醬材料放入食物調理機，攪打至細緻。

3 洋蔥和青花菜都切成一口大小。

4 熱鍋後在平底鍋加入食用油、蒜泥和洋蔥，以中火翻炒1分鐘。接著放入步驟②備用的3大匙玉米粒，白醬和青花菜，加熱煮5分鐘。

5 加入①的麻花捲麵和蝦肉，以中火加熱2分鐘後關火。撒上現磨黑胡椒拌勻，盛盤。★若味道不夠鹹可以此時再增加鹽分。

CREAM SAUCE

鬥魂義大利麵

這道義大利麵是家庭餐廳的經典暢銷款，香濃的奶油白醬和鮮蝦、菇類的組合非常協調，製作白醬時加入胡椒粉更是神來一筆！胡椒可以降低醬汁膩口的感覺，是增加美味的魔法調味料。

40~50
minute

- 冷凍白蝦去殼6隻
  （特大，90g）
- 寬扁麵約2把
  （或細扁麵，140g）
- 洋菇3朵（60g）
- 洋蔥1/4個（50g）
- 橄欖油1大匙
- 蒜泥1/2小匙
- 現磨黑胡椒適量
- 鹽適量

白醬

- 珠蔥蔥花約5支（40g）
- 牛奶1/2杯（100ml）
- 鮮奶油1又1/2杯（300ml）
- 鹽1/2小匙
- 醬油1小匙

醃料

- 韓式辣椒粉1又1/2小匙
- 鹽1/3小匙

料理小祕訣

鬥魂義大利麵（Toowoomba Pasta）的料理重點在於白醬要靜置熟成30分鐘，使珠蔥的風味充分融入醬汁。料理前先把白醬材料混合均勻，就能更快速完成整道義大利麵；天氣不熱的時候可以放在室溫下，如果是炎熱的夏天，建議將白醬放入冰箱靜置。

1 把所有白醬食材放入大碗中，靜置熟成 30 分鐘；冷凍白蝦泡水 10 分鐘解凍，以網篩瀝乾水分後將蝦肉放入碗中，再加入醃料拌勻。

2 在滾水（10 杯水＋2 大匙鹽）中放入寬扁麵烹煮（參照包裝上時間），煮好以後將麵放進瀝水籃中瀝乾水分。

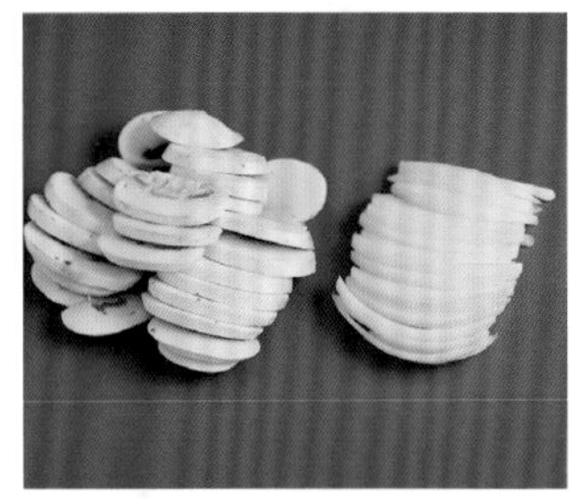

3 洋菇、洋蔥皆切成 0.5cm 粗細。

4 熱鍋後在平底鍋加入橄欖油、蒜泥、醃好白蝦肉、洋菇和洋蔥絲，以中火翻炒 2 分鐘。

5 接著放入①的白醬，以中火煮 5 分鐘，沸騰後再煮 4 分鐘，接著加入②的寬扁麵翻炒 2 分鐘。

6 關火後撒上現磨黑胡椒拌勻，盛盤。★若味道不夠鹹可以此時再增加鹽分。

CREAM SAUCE

雞胸芥末籽醬寬扁麵

這道義大利麵使用了常用來搭配牛排享用的芥末籽醬，散發獨特的香氣。
開胃又酸爽的芥末籽醬和口感略乾的雞胸肉其實非常速配，
料理時也可以用牛肉取代雞肉試試看。

25~35
minute

- 寬扁麵約2把（或細扁麵，140g）
- 雞胸肉1片（或沙朗牛排，100g）
- 櫛瓜1/10條（50g）
- 洋蔥1/5個（40g）
- 大蒜5瓣（25g）
- 橄欖油1大匙
- 牛奶1杯（200ml）
- 鮮奶油1杯（200ml）
- 芥末籽醬1又1/2大匙（可省略）
- 現磨黑胡椒適量
- 鹽適量

醃料

- 迷迭香1支
- 橄欖油1大匙
- 鹽1/2小匙

樸實的食材小故事

芥末籽醬不具甜味，味道酸香而微辣。吃牛排等肉類時拿來當作搭配的醬料，吃起來更清爽開胃，也很適合用來做成沙拉醬或三明治的抹醬夾層。

1 在滾水（10杯水＋2大匙鹽）中放入寬扁麵烹煮（參照包裝上時間），煮好以後將麵放進瀝水籃中瀝乾水分。

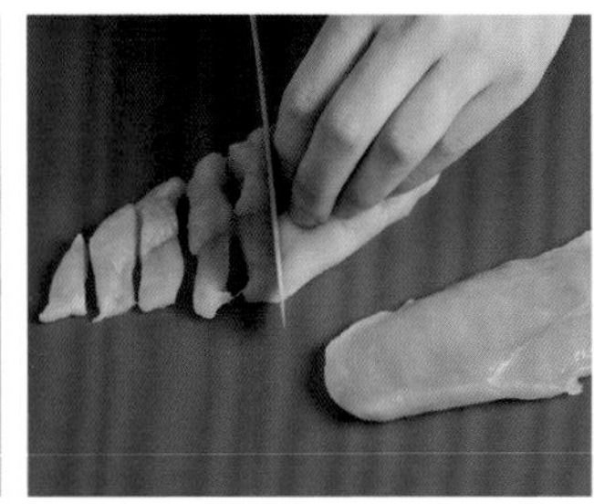

2 把雞胸肉對半剖開，切成寬1cm厚片。在碗中放入雞胸肉和所有醃料，拌勻後放進冰箱冷藏靜置10分鐘。

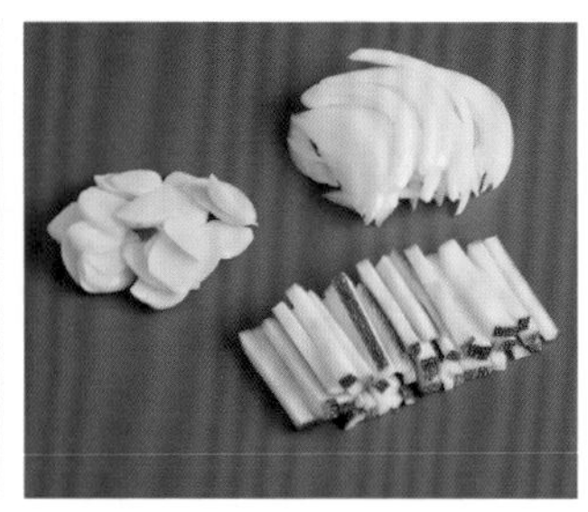

3 櫛瓜切成0.5cm薄片後再切成寬1cm之細絲；洋蔥也切成0.5cm細絲；大蒜切片。

4 熱鍋後在平底鍋加入橄欖油和大蒜，以小火翻炒5分鐘。再加入雞胸肉、洋蔥和櫛瓜絲，轉成中火翻炒2分鐘。★可以加入迷迭香一起炒，味道會更香。

5 加入牛奶、鮮奶油和芥末籽醬，以中火煮滾後再煮2分鐘，接著加入①的寬扁麵翻炒2分鐘，沸騰後關火。

6 取出迷迭香，撒上現磨黑胡椒拌勻，盛盤。★若味道不夠鹹可以此時再增加鹽分。

CREAM SAUCE

黑芝麻鮮蝦墨魚麵

把黑芝麻磨碎做成香濃的醬汁，再加入白蝦增添彈牙口感。
並使用了讓黑色醬汁更引人注目的墨魚義大利麵，完成一盤完美的黑色健康餐。

- 墨魚義大利圓麵約2把（或一般圓麵、細扁麵，140g）
- 冷凍白蝦去殼10隻（特大，150g）
- 洋蔥1/2個（100g）
- 橄欖油（或食用油）1大匙
- 鹽適量

醃料

- 清酒（或韓國燒酒）1小匙
- 鹽適量
- 胡椒粉適量

醬汁

- 熟黑芝麻（或白芝麻）5大匙
- 牛奶1杯（200ml）
- 鮮奶油2杯（400ml）
- 蠔油1小匙

樸實的食材小故事

雖然每間公司生產的墨魚義大利麵都稍有不同，但一般的墨魚麵中約含有3%的墨魚汁。除了這種黑色的義大利麵之外，也可以買到加了菠菜的綠色義大利麵和加番茄的紅色義大利麵等，有各種顏色和口味的麵條。

1 在滾水（10杯水＋2大匙鹽）中放入墨魚麵烹煮（參照包裝上時間），煮好以後將麵放進瀝水籃中瀝乾水分。

2 冷凍白蝦泡水10分鐘解凍，以網篩瀝乾水分後將蝦肉放入碗中，再加入醃料充分拌勻。

3 把黑芝麻放入食物調理機攪打至細緻，然後加入剩下的醬汁材料再打一次；洋蔥切成0.5cm細絲。

4 熱鍋後在平底鍋加入橄欖油和洋蔥絲，以中火翻炒2分鐘。接著倒入醬汁，攪拌並煮至沸騰後再煮5分鐘。

5 加入①的墨魚麵和②，以中火翻炒3分鐘，盛盤。

★若味道不夠鹹可以此時再增加鹽分。

Chapter_3

共進晚餐，適合待客的
義大利麵特餐

和家人共進晚餐，或者要招待客人的日子，
自然需要一道比平常吃的麵更精心料理的義大利麵。
在眾人齊聚一堂，熱熱鬧鬧的喬遷宴上，
可以事先準備好讓大家分著吃的義大利冷麵，
好好炫耀一下手藝。
周末去拜訪好久不見的父母時，
也可以做加入鮑魚、章魚等養身食材的義大利麵，
展現一下好女兒、好媳婦的樣子。
至於來家裏玩的朋友，
替他們準備去任何地方都沒吃過的獨特義大利麵，
用超有品味的菜色讓餐桌上呈現一片和樂融融吧。
為了讓精心準備的美味義大利麵看起來更特別，
還特別附上了實用的「裝盤小技巧」呢！
在此介紹製作起來心情愉悅，
分享時能感受到無比幸福的
義大利麵特餐。

現學現賣，
最實用的待客款**義大利麵#**

這邊再次整理了端上待客餐桌也毫不遜色的〈經典款義大利麵〉和〈簡易義大利麵〉。
分別列出使用的醬汁類型和料理時間，方便選擇菜色時可以迅速找到。
另外還標記了符合該料理的標籤 ，可以挑選個人偏好的義大利麵來招待客人。

醃鯷魚義大利麵（p.38）
★油醬基底 20 ～ 30 分鐘
爽口 # 鯷魚 # 女朋友

蛤蜊清炒義大利麵（p.40）
★油醬基底 25 ～ 35 分鐘
停不下來 # 清爽 # 湯汁超讚

羅勒青醬細圓麵（p.42）
★油醬基底 15 ～ 25 分鐘
看起來很高檔 # 先做好青醬

甜椒麻花捲麵（p.78）
★油醬基底 25 ～ 35 分鐘
甜甜的 # 很多蔬菜 # 適合分著吃

明太子奶油義大利細圓麵（p.86）
★油醬基底 25 ～ 35 分鐘
彈牙明太子 # 香濃 # 高級

酪梨醬貓耳朵冷麵（p.96）
★油醬基底15～25分鐘
#柔滑青醬 #愛吃酪梨的人

拿坡里義大利麵（p.44）
★油醬基底25～35分鐘
#日式義大利麵 #回憶中的味道
#簡單早午餐

煙花女義大利麵（p.50）
★番茄紅醬 25 ～ 35 分鐘
酥酥脆脆 # 黃金麵包粉
視覺饗宴

漁夫義大利細圓麵（p.52）
★番茄紅醬 25 ～ 35 分鐘
滿滿海鮮 # 充滿大海香氣
獻給媽媽

波隆那肉醬千層麵（p.54）
★番茄紅醬 40～50 分鐘
適合先做好 # 看起來很澎湃
和朋友一起分享

瑞可塔起司義大利餃（p.57）
★番茄紅醬 40～50 分鐘
這居然是我做的 # 粉紅醬

番茄蛤蜊義大利麵（p.102）
★番茄紅醬 20～30 分鐘
不能錯過番茄蛤蜊麵
來一道蛤蜊義大利麵

煙燻鴨義大利細扁麵（p.118）
★番茄紅醬 20～30 分鐘
長輩們超愛 # 有嚼勁的鴨肉

小章魚辣味細扁麵（p.122）
★番茄紅醬 20～30 分鐘
好辣好辣 # 好 Q 好 Q # 好彈好彈

肉丸寬版鳥巢麵（p.124）
★番茄紅醬 30～40 分鐘
肉丸炸彈 # 壓碎再吃
孩子們的生日

拱佐諾拉奶油義式麵疙瘩（p.64）
★奶油白醬 25～35 分鐘
馬鈴薯 # 江原道〔譯註 2〕之力
柔軟卻有嚼勁

牡蠣白醬吸管麵（p.128）
★奶油白醬 25～35 分鐘
冬天就要吃牡蠣 # 長輩最愛
濃郁醬汁

南瓜白醬寬扁麵（p.136）
★奶油白醬 30～40 分鐘
甜蜜南瓜 # 最南的義大利麵

鬥魂義大利麵（p.148）
★奶油白醬 25～35 分鐘
蝦子超多 # 家庭式餐廳走開啦

雞胸芥末籽醬寬扁麵（p.150）
★奶油白醬 25～35 分鐘
雞胸肉大人 # 芥末醬超爽口

黑芝麻鮮蝦墨魚麵（p.152）
★奶油白醬 20～30 分鐘
墨魚麵 # 黑色食物 # 父母

〔譯註2〕韓國江原道盛產馬鈴薯，當地著名的料理之一就是馬鈴薯麵疙瘩。

羅勒起司香醋義大利麵
+
蛤蜊巧達濃湯貓耳朵麵
+
濃郁凱薩沙拉

擺盤小技巧

1 圓圓的小番茄是有點不好裝盤的食材之一。這時不用把所有食材聚集在中央，倒不如往一邊斜，看起來會更有感覺。番茄和羅勒可說是天生一對，只要往盤子裡放幾片羅勒葉，就能為料理增色不少。

2 把麵包內層挖空，就可以用來當作盛裝湯類的義大利麵的器皿，可以帶來更加美味的視覺享受。在盤子裡鋪上薄薄的亞麻布料或烘焙紙，再放上裝有濃湯義大利麵的麵包，看起來就是非常溫暖的感覺。裝盤時別忘了選擇較厚的器皿先行預熱，可以讓溫度維持得更久。

1 羅勒起司香醋義大利麵p.160
2 蛤蜊巧達濃湯貓耳朵麵p.161
3 濃郁凱薩沙拉p.192

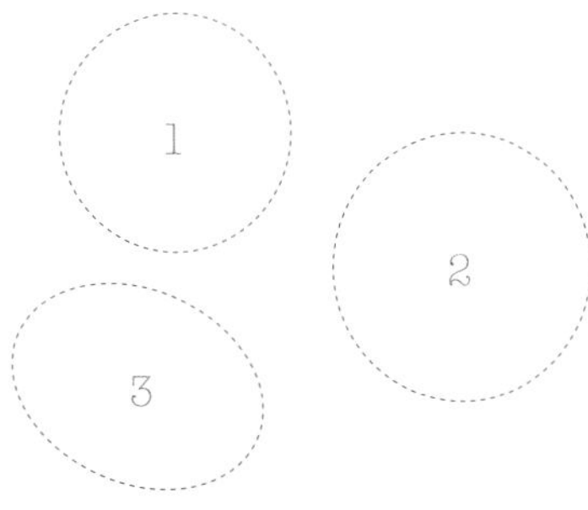

羅勒起司香醋義大利麵

在油醬基底中加入羅勒起司醬，做出獨具風味的義大利麵。
把兩種醬汁拌在一起享用的過程也饒富趣味。很適合用來招待喜歡新鮮感的女性朋友。

25~35
minute

- 義大利細圓麵約2把（或細扁麵，160g）
- 小番茄10顆（或番茄1個，150g）
- 黑橄欖6顆（18g，可省略）
- 橄欖油1大匙＋1/2大匙
- 鹽適量
- 蒜泥1/2大匙
- 煮麵水1/2杯（100ml）

淋醬

- 洋蔥切碎4大匙（40g）
- 巴薩米克醋2大匙
- 醬油1大匙
- 寡糖糖漿1/2大匙
- 橄欖油1/2大匙
- 現磨黑胡椒適量

羅勒起司醬

- 羅勒葉10片（10g）
- 置於室溫下的奶油乳酪2大匙（40g）
- 蒜泥1小匙

1 在滾水（10 杯水＋ 1 大匙鹽）中放入細圓麵烹煮（參照包裝上時間），煮好後舀出 1/2 杯（100ml）煮麵水備用，將細圓麵瀝乾。

2 小番茄對半切；黑橄欖按外型切片；羅勒葉切成絲。

3 將淋醬材料放入大碗中混合均勻；把羅勒起司醬材料放入小碗中，拌勻。

4 熱鍋後在平底鍋加入 1 大匙橄欖油、小番茄和鹽，以中火翻炒 2 分鐘後盛起，放進③的淋醬中拌勻。

5 在熱好的鍋中加入 1/2 大匙橄欖油，放入蒜泥，以中火翻炒 30 秒鐘，再加入①細圓麵、黑橄欖和 1/2 杯煮麵水，拌炒 2 分鐘。

6 將⑤盛盤，分別放上④的淋醬和③的羅勒起司醬。

蛤蜊巧達濃湯貓耳朵麵

寒冷的冬天最適合來一碗溫暖的濃湯義大利麵了。
在加了大量貝肉和馬鈴薯的濃湯中放入小小的義大利麵，補足了咬勁和飽足感；
濃郁的奶醬口味單吃就很美味，配上麵包更是一絕。

30~40
minute

- 貓耳朵麵約1杯（或斜管麵，70g）
- 洋菇2朵（40g）
- 馬鈴薯1個（200g）
- 奶油1大匙（10g）
- 培根2條切碎（28g）
- 蒜泥1大匙
- 洋蔥切碎1/4顆（50g）
- 麵粉1大匙（10g）
- 珠蔥蔥花少許（依個人喜好增減）
- 牛奶1/2杯（100ml）
- 鮮奶油1又1/2杯（300ml）
- 現磨黑胡椒適量
- 鹽適量
- 肉荳蔻少許（可省略）

湯頭

- 吐沙後的蛤蜊1包（處理方式請參照p.53步驟②，200g）
- 白葡萄酒1/2杯（100ml）
- 水1/2杯（200ml）

1 滾水（10杯水＋2大匙鹽）中放入貓耳朵麵烹煮（參照包裝上時間），煮好後將貓耳朵麵撈出瀝乾水分。

2 把湯頭材料全放入深鍋中，煮滾後蓋上鍋蓋，以小火續煮5分鐘。接著用網篩過濾，將湯頭另外盛起備用，蛤蜊去殼，只留下蛤蜊肉。

3 洋菇切成0.5cm厚度；馬鈴薯去皮之後切成1cm大小方塊。

4 把奶油放進熱好的平底鍋中融化，再加入切碎的培根，中火翻炒2分鐘。加入蒜泥、洋蔥碎、馬鈴薯和洋菇，翻炒3分鐘。

5 放入麵粉，用中火翻炒1分鐘後倒入②的湯頭、牛奶和鮮奶油，再煮5分鐘，接著放入①的貓耳朵麵，烹煮2分鐘後關火。

6 加入蛤蜊肉、現磨黑胡椒、鹽和肉荳蔻，均勻混合。盛盤後灑上珠蔥蔥花，上菜。

堅果蝴蝶結冷麵
＋
烤鮭魚白醬義大利麵
＋
醋漬蘆筍

擺盤小技巧

1 義大利冷麵建議拌勻後再上桌，或者把料理準備成方便在吃之前直接攪拌的樣子。但如果太早拌好，可能會有水氣產生，所以上菜前要再均勻拌過一次。可以把麵裝在大碗裡稍微拌過，吃的時候再分裝在個人用的器皿或玻璃杯中，如此就能吃得乾淨又方便。

2 比起表面積大的鮭魚片，使用寬度窄而厚的魚片，看起來才會更加美味。珠蔥蔥花要自然地散落在餐盤上，是最後裝飾的重點之一。盛裝的器皿可以選擇和鮭魚相近的色系，或者用亞麻布料稍作裝飾也不錯。

1 堅果蝴蝶結冷麵p.164
2 烤鮭魚白醬義大利麵p.165
3 醋漬蘆筍p.189

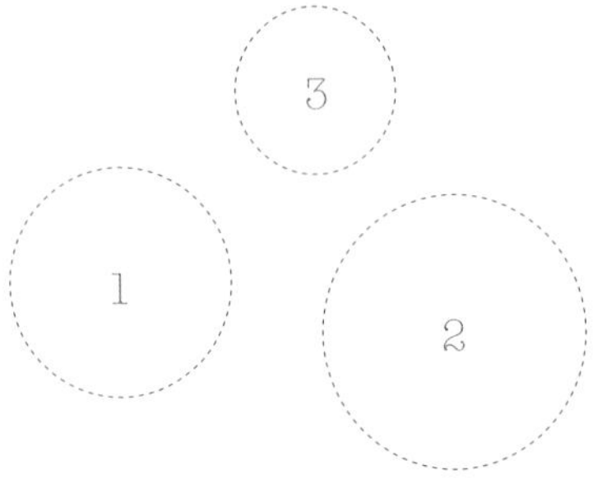

堅果蝴蝶結冷麵

這是一道不需要特殊食材，也能輕鬆製作的豐盛義大利冷麵。
加了蘋果增添清新滋味，適度平衡了整體風味。
加了芝麻的田園沙拉醬非常好用，適合為各式各樣的料理增色。

20~30
minute

- 蝴蝶結麵約2杯
  （或螺旋麵，120g）
- 橄欖油1/2大匙
- 綜合堅果約5大匙（杏仁、花生、開心果等，50g）
- 蘋果1/3個（約70g）
- 小番茄5顆（75g）
- 嫩葉類生菜1把
  （或沙拉用蔬菜，20g）

堅果調料

- 現磨帕米吉阿諾乳酪1大匙
  （或帕瑪森起司粉，6g）
- 橄欖油1/2大匙
- 砂糖1/2小匙

芝麻田園沙拉醬

- 磨碎的熟白芝麻2大匙
- 砂糖1/2大匙
- 水2大匙
- 醬油1又1/2大匙
- 美乃滋2大匙

1 在滾水（10 杯水＋ 2 大匙鹽）中放入蝴蝶結麵烹煮（參照包裝上時間），煮好以後將麵放進瀝水籃中瀝乾水分。淋上 1/2 大匙橄欖油拌勻。

2 將綜合堅果對半分開。蘋果去籽後對半切，再切成 1cm 薄片；小番茄切成 4 等分。

3 把堅果放進熱好的平底鍋中，以小火乾炒 3 分鐘。關火之後倒入堅果調料，均勻混合。

4 將芝麻田園沙拉醬的材料放進大碗中，均勻混合後再加入①的蝴蝶結麵、蘋果和小番茄拌勻。

5 裝盤，放上嫩葉類生菜和③的堅果。

烤鮭魚白醬義大利麵

搭配厚實烤鮭魚的一道義大利麵。吃之前可以把鮭魚肉壓碎，再和麵條一起好好享用，最後加入的山葵醬則有替鮭魚解膩的作用。

30~40
minute

- 義大利圓麵2把（或細扁麵，160g）
- 鮭魚2塊（200g）
- 珠蔥4支（24g）
- 酸豆（或醃漬醬菜等）3大匙
- 牛奶1杯（200ml）
- 鮮奶油1杯（200ml）
- 鹽1/3小匙
- 山葵醬1小匙
- 現磨黑胡椒適量

醃料

- 橄欖油2大匙
- 乾燥巴西里（或乾燥綜合香料）1小匙
- 鹽1/2小匙

1 在滾水（10杯水＋2大匙鹽）中放入義大利圓麵烹煮（參照包裝上時間），煮好以後將圓麵放進瀝水籃中瀝乾。

2 用醃料均勻塗抹鮭魚片，靜置10分鐘；珠蔥切成蔥花；酸豆也稍微切碎。

3 熱鍋後將鮭魚片魚皮朝下，放入平底鍋，以小火將魚片各面煎2～3分鐘，煎至金黃色後盛出備用。

4 把平底鍋洗乾淨，倒入牛奶和鮮奶油，以中火煮滾後續煮3分鐘，放入義大利麵、酸豆和鹽，拌炒2分鐘。

5 關火，加入山葵醬和現磨黑胡椒，攪拌均勻。★味道不夠鹹可以此時再增加鹽分。

6 將⑤盛入盤中，放上煎鮭魚及珠蔥蔥花。

擺盤小技巧

1 想把有湯汁的義大利麵裝得好看並不是件簡單的事，這時要先裝麵條，放上裝飾配料之後，再用勺子從盤子的一角澆入湯汁。蔥絲要稍微抓成球狀，放在盤子的一側，其餘配料請均勻撒在麵的上方。

2 請盡量讓所有海鮮都正面朝上，首先將義大利麵捲起置於盤中央，再把海鮮放在麵的四周。淡菜則要擺成能看見裡頭貝肉的樣子，看起來才會更美味。比起白色盤子，色彩如此強烈的義大利麵要挑選有色的器皿，會讓整體顯得更加均衡。

1 蔘雞補身義大利麵 p.168
2 四川海鮮細扁麵 p.169
3 烤蔬菜醬沙拉 p.194

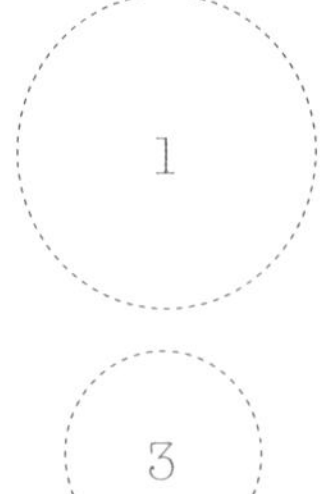

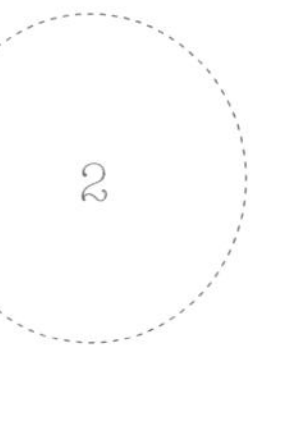

3

蔘雞補身義大利麵

＋

四川海鮮細扁麵

＋

烤蔬菜醬沙拉

蔘雞補身義大利麵

炎熱的夏日，如果你每次都是吃蔘雞湯食補，這次就試試看這道蔘雞補身義大利麵吧！
用煎過的新鮮人蔘與紅棗、銀杏等各式配料增加料理風味和顏色。
拿來招待夏天來家裏玩的客人，可以說是最特別的食補料理。

35~45
minute

- 義大利圓麵2把（或細扁麵，160g）
- 雞腿肉3片（270g）
- 新鮮人蔘1～2支（約20g）
- 紅棗乾6顆
- 食用油1大匙＋1/2大匙
- 蒜泥1又1/2大匙
- 水2又1/2杯（500ml）
- 鹽適量
- 炒過的銀杏6顆（可省略）
- 蔥絲50g

醃料

- 清酒（或燒酒）1大匙
- 鹽1/3小匙

1 在滾水（10杯水＋3大匙鹽）中放入義大利圓麵烹煮（參照包裝上時間），煮好以後將麵放進瀝水籃中瀝乾。

2 雞腿肉切成方便入口的大小，之後和醃料一起放入碗中拌勻，靜置10分鐘；新鮮人蔘斜切；紅棗乾去籽後切成細絲。

3 熱鍋後在平底鍋中抹上1大匙食用油，放入人蔘，以中火翻炒2分鐘，至人蔘變成金黃色後盛出備用。

4 在熱好的平底鍋中倒入1/2大匙食用油，皮朝下放入雞腿肉，以中火將雞腿肉正反面各煎3分鐘，之後加入蒜泥翻炒1分鐘。

5 倒入2又1/2杯的水，煮滾後蓋上鍋蓋，以中火繼續熬煮5分鐘，接著放入①的義大利麵和人蔘，繼續煮3分鐘。

6 關火，撒上鹽和現磨黑胡椒，拌勻後裝盤。放上紅棗絲、銀杏及蔥絲等配料。

四川海鮮細扁麵

對愛吃辣的人而言有如寶藏般的一道菜色。
這道辣味義大利麵讓原本嫌棄義大利麵太膩口的人也能大快朵頤；
用辣油妝點的香辣醬料深深沁入麵體之中，口感爽辣帶勁。

25~35
minute

- 義大利細扁麵約2把（或圓麵，140g）
- 白蝦6隻（中型，120g）
- 蔥白20cm
- 蔥綠10cm
- 大蒜5瓣（25g）
- 義大利辣椒（或泰國辣椒）3根
- 辣油3大匙＋1大匙
- 處理乾淨的淡菜6（120g）
- 清酒（或白葡萄酒）1大匙
- 煮麵水3/4杯（150ml）
- 胡椒粉少許

醬料

- 辣椒粉2大匙
- 蠔油1大匙
- 醬油1/2小匙

★未處理過的淡菜要先用手將足絲拔除，接著相互摩擦外殼，或使用刷子在流動的水中清潔外殼表面的髒污。在流水中清洗乾淨後將淡菜放入瀝水籃中瀝乾，便可使用。

1 在滾水（10 杯水＋ 1 大匙鹽）中放入義大利細扁麵烹煮（參照包裝上時間），煮好以後舀出 3/4（150ml）煮麵水備用。將細扁麵放進瀝水籃中瀝乾水分。

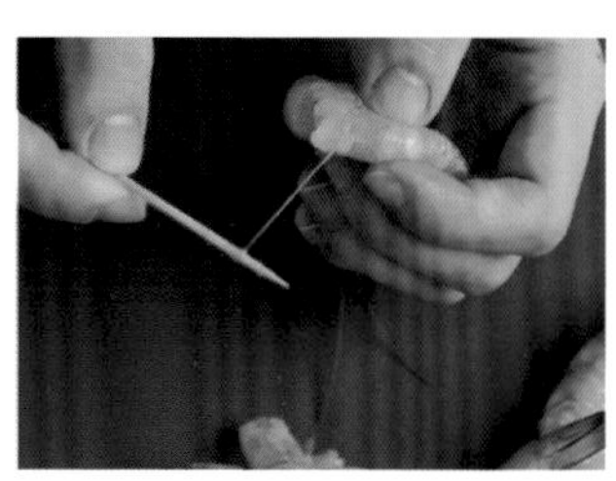

2 白蝦留下頭、尾，去除身體部分的殼，之後用牙籤挑除腸泥。

3 蔥白、蔥綠斜切；大蒜切片；義大利辣椒切成 2 ～ 3 段。

4 在熱好的平底鍋中放入辣油 3 大匙，再放入蔥白、大蒜和義大利辣椒，以中火翻炒 2 分鐘。

5 放入淡菜、蝦子和清酒，用大火加熱 1 分鐘，再加入所有醬料，以中火翻炒 2 分鐘，炒至淡菜開口。

6 倒入 3/4 杯煮麵水，煮滾後續以中火煮 2 分鐘，再加入①的細扁麵翻炒 2 分鐘，關火。撒上蔥綠、胡椒粉和 1 大匙辣油，盛盤上菜。

 **擺盤小技巧**

1 用鑄鐵平底鍋盛裝牛排義大利麵，會給人溫暖的感覺；鑄鐵鍋可以放在木砧板或是亞麻布料上。鋪在麵上面的牛排熟度先詢問客人的喜好再製作，就能展現出主人的貼心。

2 如果把長腕章魚切得太碎，裝盤時會不夠美觀。先去除內臟後將長腕章魚大致切分為2～4等分，料理完成後，擺盤時再將大塊的章魚擺在麵的上方，看起來會更加豐盛、更有高級感。

1 牛排紫蘇籽白醬義大利麵 p.172
2 蒜香長腕章魚麵 p.173
3 羅勒醬卡布里沙拉 p.191

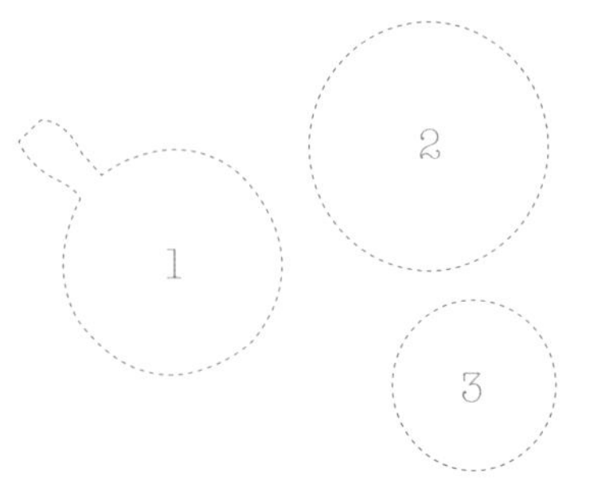

牛排紫蘇籽白醬義大利麵

為了讓不熟悉白醬的長輩也吃得開心，特別用牛奶和紫蘇籽粉製作了白醬義大利麵。
再加入青陽辣椒，增添爽口開胃的辣度。
牛排也可以依個人喜好切成薄片，吃的時候將麵捲起包在裏面享用。

25~30
minute

- 義大利圓麵約2把（或寬扁麵，140g）
- 牛里肌（厚度1cm，沙朗牛排用）200g
- 橄欖油2大匙
- 蒜泥1大匙
- 牛奶2杯（400ml）
- 切達起司片2又1/2片（50g）
- 青陽辣椒1根，切段
- 韓式紫蘇籽粉6大匙（依個人喜好增減）
- 現磨黑胡椒適量
- 鹽1/2小匙

醃料

- 砂糖1大匙
- 醬油1又1/2大匙
- 清酒1大匙
- 芝麻油1大匙

1 將所有醃料放入容器中拌勻，再加入牛里肌揉捏後靜置 10 分鐘。

2 在滾水（10 杯水＋ 1 大匙鹽）中放入義大利圓麵烹煮（參照包裝上時間），煮好以後將麵放進瀝水籃中瀝乾水分。

3 開大火將平底鍋加熱 30 秒鐘後放入牛里肌，煎 1 分鐘後轉為小火續煎 3 分鐘，過程中需時不時翻面，兩面都煎好後盛起備用。★煎全熟的話再增加 2 ～ 3 分鐘。

4 把平底鍋洗乾淨，加入橄欖油和蒜泥，以小火翻炒 30 秒鐘，接著放入牛奶和切達起司片，繼續加熱攪拌至起司片融化為止。

5 放入②的義大利麵、青陽辣椒和紫蘇籽粉，用小火拌炒 3 分鐘，沸騰後撒上現磨黑胡椒和鹽，攪拌均勻。

6 盛盤，將③的牛排切成方便入口的大小放在麵上。

蒜香長腕章魚麵

加入大量有助於恢復氣力的長腕章魚和大蒜，再搭配酸甜的巴薩米克醋醬汁，
做出風味獨特的義大利麵。
長腕章魚要用大火快速翻炒，口感吃起來才不會太韌，所以請務必遵照時間料理。

30~40
minute

- 義大利圓麵約2把（或細扁麵，140g）
- 長腕章魚2隻（或處理過的短爪小章魚5～8隻，約400g）
- 大蒜10瓣（50g）
- 青陽辣椒1根
- 橄欖油2大匙＋2大匙
- 白葡萄酒（或清酒）2大匙
- 煮麵水1/2杯（100ml）
- 鹽適量

醬料

- 巴薩米克醋2大匙
- 砂糖1小匙
- 醬油2小匙
- 現磨黑胡椒適量

1 在滾水（10 杯水＋ 1 大匙鹽）中放入義大利圓麵烹煮（參照包裝上時間），煮好後，將麵放進瀝水籃中瀝乾水分。

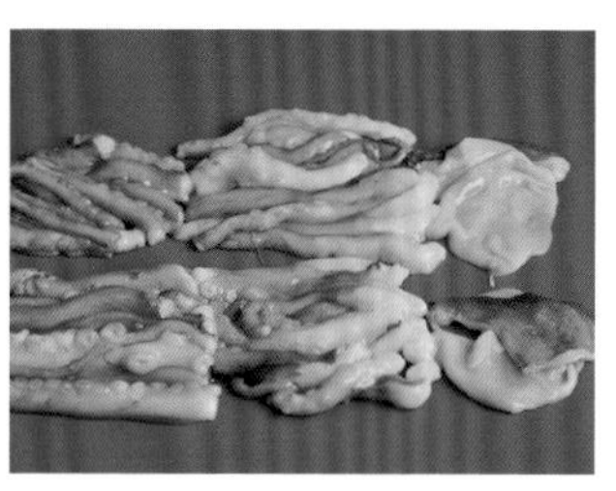

2 剪開長腕章魚的頭部，去除內臟。加入麵粉（3大匙），均勻搓揉章魚用清水沖洗，直到水變乾淨。處理好的長腕章魚切成 2 ～ 4 等分。

3 大蒜對半切；青陽辣椒切段，再將所有醬料材料放入小碗中均勻混合。

4 熱鍋後將 2 大匙橄欖油和大蒜放入平底鍋中，以小火翻炒 5 分鐘，再加入長腕章魚和白葡萄酒，開大火翻炒 1 分鐘，接著加入醬料繼續翻炒 1 分鐘。

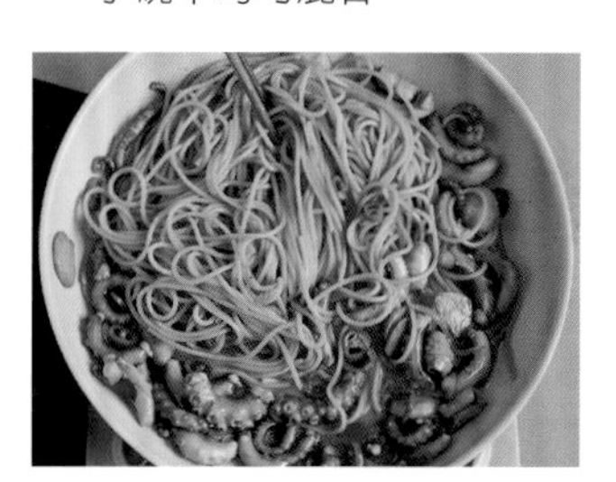

5 倒入 1/2 杯煮麵水，煮滾後放入①的義大利圓麵和青陽辣椒，轉中火翻炒 2 分鐘，淋上 2 大匙橄欖油，攪拌均勻。裝盤上菜。★味道不夠鹹可以此時再增加鹽分。

長崎解酒義大利湯麵

＋

土魠魚清炒細扁麵

＋

醋漬烤甜椒

擺盤小技巧

1 長崎解酒義大利湯麵因為要享用熱湯，所以可以全部裝在好看的深鍋裡，再另外準備個人用的深盤。分裝1人份時食材容易沉在底下，因此要先將麵條平鋪在盤中，接著放上食材，最後再倒入湯頭。

2 有主要食材的義大利麵，記得把麵條和主食材各自鋪在盤中的不同側，如果麵和食材堆在一起變成一座小山，會影響外觀，因此盛裝時請盡量讓土魠魚塊和麵條保持在同樣高度。

1 長崎解酒義大利湯麵 p.176
2 土魠魚清炒細扁麵 p.177
3 醋漬烤甜椒 p.190

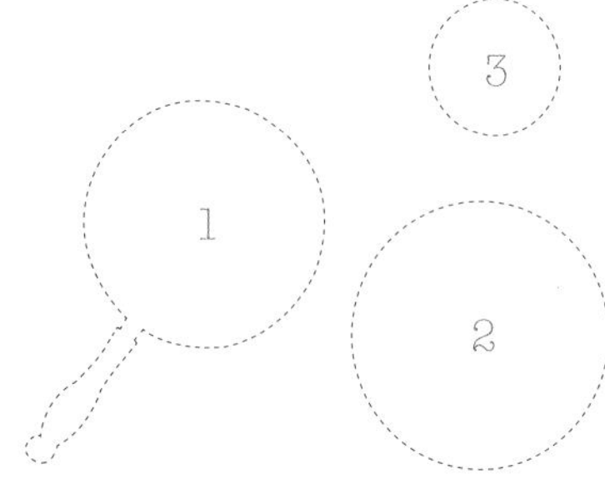

長崎解酒義大利湯麵

如果客人的餐桌上需要香辣可口的湯品，不要總是煮湯或燉鍋，
試試看長崎解酒義大利湯麵吧！帶勁的辣味湯頭不僅能解酒，也很適合配酒享用哦。

30~40
minute

- 義大利圓麵約1又1/4把（或細扁麵，100g）
- 冷凍白蝦去殼4隻（特大，60g）
- 處理乾淨的透抽1/2隻（90g）
- 洋蔥1/5個（40g）
- 大蒜2瓣（10g）
- 蔥白20cm
- 青陽辣椒1根
- 綠豆芽2把（100g）
- 處理乾淨的淡菜10顆（200g）
- 食用油1大匙
- 清酒1大匙
- 市售牛骨高湯5杯（1L）
- 蠔油1大匙
- 現磨黑胡椒適量
- 鹽適量（依喜好增減）

★未處理過的淡菜要先用手將足絲拔除，接著相互摩擦外殼，或是使用刷子在流動的水中清潔外殼表面的髒污。在流水中清洗乾淨後將淡菜放入瀝水籃中瀝乾，便可使用。

1 在滾水（10杯水＋1大匙鹽）中放入義大利圓麵烹煮（參照包裝上時間），煮好以後將麵放進瀝水籃中瀝乾水分。

2 冷凍白蝦泡水10分鐘解凍，以網篩瀝乾水分；處理好的透抽切成方便入口的大小。

3 洋蔥切成厚0.5cm細絲；大蒜切片；蔥白及青陽辣椒切成蔥花大小；綠豆芽放進濾網中清洗後瀝乾水分。

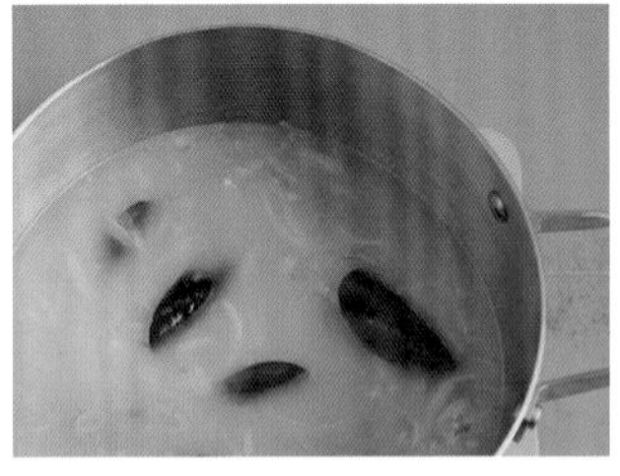

4 深鍋預熱後加入食用油，再放入洋蔥絲、大蒜和蔥白，以大火翻炒1分鐘，接著加入淡菜和清酒，大火翻炒1分鐘後倒入牛骨高湯和蠔油，煮至沸騰。

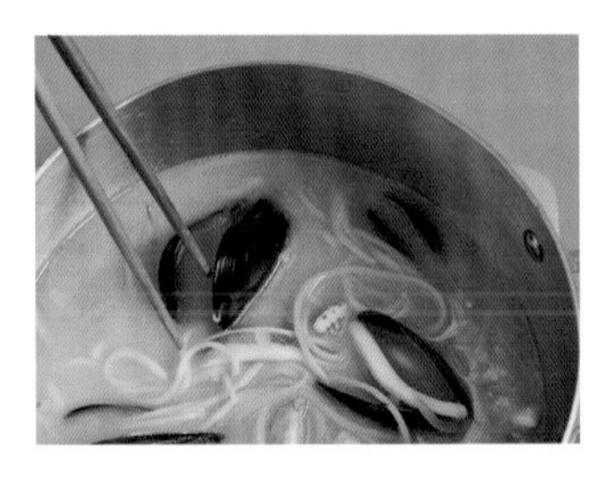

5 湯頭滾後加入①的義大利圓麵、白蝦、透抽和青陽辣椒，一邊攪拌一邊用大火煮2分鐘後關火。

6 放入綠豆芽，撒上現磨黑胡椒，拌勻後裝入深鍋，或分裝上菜。★若味道不夠鹹可以此時再增加鹽分。

土魠魚清炒細扁麵

白葡萄酒可以去除土魠魚的腥味，義大利辣椒則可以解膩，更增添開胃的辣度。
這道高級感十足的義大利麵，非常適合用來招待不喜歡吃肉的客人。

30~40
minute

- 義大利細扁麵約2把（或圓麵，140g）
- 處理乾淨的土魠魚（或鯖魚）150g
- 蔥白30cm
- 蔥綠20cm
- 大蒜6瓣（30g）
- 義大利辣椒3根（或泰國辣椒、青陽辣椒1根）
- 橄欖油2大匙＋2大匙
- 白葡萄酒1/4杯（50ml）
- 煮麵水3/4杯（150ml）
- 魚露（鯷魚或玉筋魚）1小匙
- 乾燥巴西里（或乾燥綜合香料）1大匙
- 現磨黑胡椒適量
- 鹽適量

醃料

- 清酒（或白葡萄酒）2大匙
- 鹽少許
- 現磨黑胡椒少許

★土魠魚建議選擇已經去骨的魚片。如果使用的是已經用鹽醃過的土魠魚片或鯖魚片，請在流動水中清洗魚片，並省略醃料中的鹽分。

1 在滾水（10杯水＋1大匙鹽）中放入義大利細扁麵烹煮（參照包裝上時間），煮好以後舀出3/4杯（150ml）煮麵水備用。將細扁麵放進瀝水籃中瀝乾水分。

2 土魠魚切成方便入口的大小，和所有醃料拌勻後靜置10分鐘；蔥切成蔥花；大蒜切片；義大利辣椒則切成兩半。

3 平底鍋熱鍋後放入2大匙橄欖油和蒜片，以小火翻炒4分鐘，放入蔥白、義大利辣椒爆香30秒鐘。

4 加入②的土魠魚，大火翻炒3分鐘後倒入白葡萄酒，繼續加熱1分鐘。

5 倒入3/4杯煮麵水和魚露，煮滾後加入①的細扁麵，繼續以大火拌炒2分鐘。

6 淋上2大匙橄欖油，撒上蔥綠、乾燥巴西里、鹽和現磨黑胡椒，前後甩動平底鍋使其混合均勻。★若味道不夠鹹可以此時再增加鹽分。

擺盤小技巧

1. 這道義大利冷麵加了很多食材，擔心在攪拌時食材會掉到桌上嗎？這時只要使用比較深的器皿就能讓安全感倍增。也可以先用小碟子分裝，作為前菜分送給客人。如果要把這道冷麵當成前菜，請在旁邊搭配一些墨西哥玉米片，讓客人可以把麵放在玉米片上享用。或者乾脆用一個大的深盤全部裝起來，完成華麗的視覺盛宴。
2. 盛盤時記得先裝義大利麵，再把所有食材放在上層。要配著一起吃的麵包可以另外放或者裝在盤子裏，看起來既方便又俐落。義大利麵裏的蝦子不要朝同個方向擺，擺成不同方向會在視覺上看起來更加豐盛。

1 塔可義大利冷麵 p.180
2 鮮蝦檸檬奶油細扁麵 p.181
3 香蒜麵包 p.188

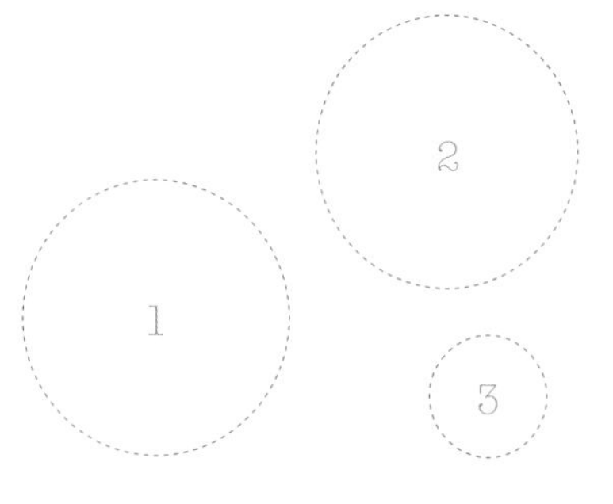

塔可義大利冷麵

這是一道適合派對的義大利麵，可以吃到各種層次及風味。
最後加上的墨西哥玉米片堪稱神來一筆！咬起來有著獨特的爽脆口感。
可以在派對前事先製作，是道非常實用的義大利冷麵。

30~40
minute

- 義牛肉150g（燒烤或火鍋用）
- 結球萵苣葉6片（手掌大小，90g）
- 酪梨1/2個（100g）
- 天使髮絲麵約1把（或細圓麵，80g）
- 食用油1大匙
- 墨西哥玉米片6片（依個人喜好增減）

醃料

- 韓式辣椒粉1大匙
- 味醂1大匙
- 醬油1/2大匙
- 胡椒粉少許

莎莎醬

- 小番茄8顆（或番茄1又1/2個，120g）
- 洋蔥1/5個（40g）
- 小黃瓜1/4條（50g）
- 青陽辣椒2根切碎
- 香菜葉（或新鮮巴西里）切碎2大匙
- 番茄醬汁3/4杯（參考p.24，或市售番茄醬汁，150ml）
- 檸檬汁4大匙
- 橄欖油5匙
- 鹽1/2小匙
- 現磨黑胡椒適量（依個人喜好增減）

1 牛肉用廚房紙巾吸去血水後切成2cm厚，再把牛肉和所有醃料拌勻，靜置10分鐘。

2 小番茄、洋蔥、小黃瓜切成0.5cm大小；結球萵苣和酪梨則切成方便入口的大小。

3 將所有莎莎醬的材料放入大碗中，混合均勻。★莎莎醬要吃冷的才更美味，所以請先做好放在冰箱備用。

4 在滾水（10杯水＋1大匙鹽）中放入折成兩半的天使髮絲麵烹煮（參照包裝上時間），煮好以後將天使髮絲麵放進瀝水籃中瀝乾。

5 熱鍋後在平底鍋中塗上食用油，放入①的牛肉，以大火翻炒3分鐘。

6 把結球萵苣、酪梨及④的天使髮絲麵和⑤的牛肉放在盤子裏，淋上③的莎莎醬。可撒上捏碎的墨西哥玉米片，或上菜時另外分裝玉米片。

鮮蝦檸檬奶油細扁麵

烹調的重點是不要丟掉蝦頭，留著和其他食材一起翻炒，才能完整保留蝦子的風味。
加了奶油的義大利麵香醇無比，滋味濃郁，為了清空盤底殘留的醬汁，
也很適合搭配麵包一起享用。

25~35
minute

- 義大利細扁麵約2把
  （或圓麵，160g）
- 青陽辣椒1/2根
- 培根3條（42g）
- 白蝦8隻
  （中型，200g）
- 橄欖油1大匙
- 蒜泥1小匙
- 洋蔥切碎1/4個（50g）
- 白葡萄酒1/2杯（100ml）
- 水1/2杯（100ml）
- 無鹽奶油5大匙（50g）
- 鹽1/2小匙
- 檸檬汁少許（可省略）
- 現磨黑胡椒適量

1 在滾水（10 杯水＋ 1 大匙鹽）中放入義大利細扁麵烹煮（參照包裝上時間），煮好以後將麵放進瀝水籃中瀝乾水分。

2 青陽辣椒斜切；培根切成寬 1cm 大小。

3 把白蝦蝦頭摘下，去殼後用牙籤挑除腸泥。★蝦頭不要丟，一起炒才能增添風味。

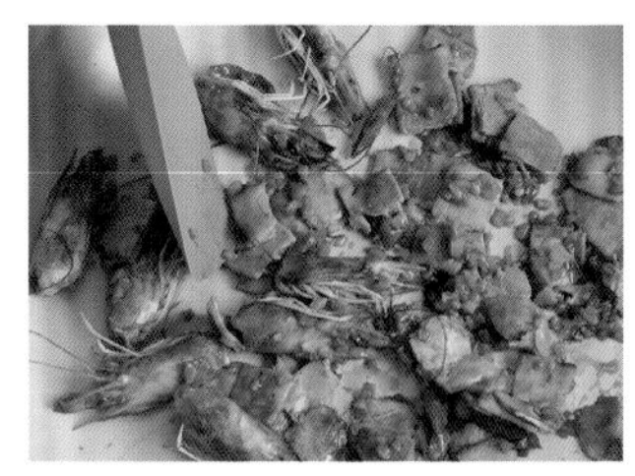

4 熱鍋後在平底鍋中塗上橄欖油，放入蒜泥、洋蔥碎、青陽辣椒和蝦頭，中火翻炒 2 分鐘。續入培根翻炒 1 分鐘。

5 加入蝦肉和白葡萄酒，用大火翻炒 2 分鐘。再倒入 1/2 杯水和奶油，以中火加熱 1 分鐘，接著加入①的細扁麵和鹽，繼續拌炒 2 分鐘後關火。

6 加入檸檬汁和現磨黑胡椒，均勻攪拌後盛盤上菜。
★請先拿掉蝦頭再裝盤。加了奶油的醬汁要趁熱享用。

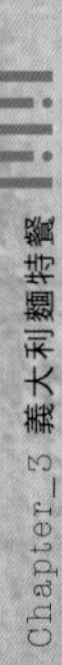

泰式炒義大利麵
＋
鮑魚蒜香義大利麵
＋
地中海風沙拉

擺盤小技巧

1 在充滿東南亞異國風情的義大利麵旁邊準備香菜或檸檬角，就能將餐桌裝飾得看起來更加豐盛。檸檬洗乾淨後切塊，放在義大利麵的盤中；香菜則可以依個人喜好增減，吃得開心最重要。最後再撒上紅辣椒和花生碎，完成繽紛的華麗配色。

2 食材切得比較細碎的義大利麵是擺盤較困難的麵點之一。請把麵集中在中央，周圍均勻擺上鮑魚和大蒜。這道義大利麵的重點是要在剛炒好還保持濕潤時，便要迅速盛裝，也可以烘烤1～2顆兼具裝飾功能的鮑魚擺在最上面。

1 塔可義大利冷麵 p.184
2 鮮蝦檸檬奶油細扁麵 p.185
3 香蒜麵包 p.193

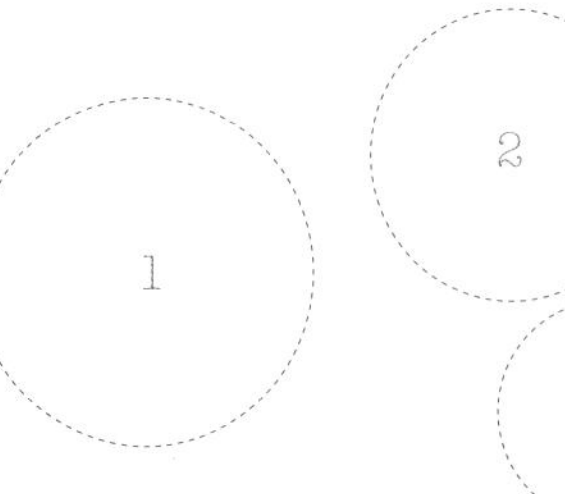

泰式炒義大利麵

這是一道以泰式炒河粉方式製作的義大利麵。
不但有魚露特有的濃厚鮮味，還加了飽滿的蝦肉及爽脆的綠豆芽增添口感。
再加上香菜和檸檬，便完成了一道富有異國風情的義大利麵。

25~35
minute

- 義大利細扁麵約2把（或圓麵，160g）
- 結冷凍白蝦去殼6隻（特大，90g）
- 雞蛋2個
- 綠豆芽2把（100g）
- 洋蔥1/2個（100g）
- 紅辣椒1根（可省略）
- 食用油1大匙
- 辣油（或食用油）3大匙
- 花生壓碎4大匙（40g）
- 現磨黑胡椒適量
- 鹽適量

醬汁

- 砂糖1大匙
- 水5大匙
- 檸檬汁2大匙
- 魚露（鯷魚或玉筋魚）1大匙
- 蠔油2小匙

1 在滾水（10 杯水＋ 1 大匙鹽）中放入義大利細扁麵烹煮（參照包裝上時間），煮好以後將麵放進瀝水籃中瀝乾水分。

2 冷凍白蝦泡水 10 分鐘解凍，以網篩瀝乾水分；將雞蛋打入碗中，均勻打散；再拿另一個碗，將醬汁材料全部放進去拌勻。

3 綠豆芽放進濾網中清洗後瀝乾水分；洋蔥切成 1cm 厚度細絲；紅辣椒切圈。

4 熱鍋後將食用油倒入平底鍋，放入蛋液，一邊用筷子攪拌一邊以中火加熱 1 分鐘，完成炒蛋後盛出備用。

5 在④的平底鍋裏加入辣油、蝦仁和洋蔥，以中火翻炒 2 分鐘後加入①的細扁麵和醬汁，繼續拌炒 2 分鐘。

6 放入綠豆芽、紅辣椒和④的炒蛋，轉大火翻炒 1 分鐘，關火。撒上花生碎和現磨黑胡椒，均勻攪拌後盛盤上菜。★若味道不夠鹹可以此時再增加鹽分。

鮑魚蒜香義大利麵

使用鮑魚內臟，每一口都散發出濃郁鮮美滋味的義大利麵。
用鮑魚殼熬出來的湯頭取代加入麵裏的煮麵水，更有營養。
因為鮑魚外殼含有豐富的鐵質，據說對孕婦也很有幫助。

40~50
minute

- 義大利圓麵約2把（或細扁麵，140g）
- 鮑魚5顆（約500g）
- 大蒜10瓣（50g）
- 橄欖油1大匙
- 鹽1/2小匙
- 無鹽奶油2小匙
- 現磨黑胡椒適量
- 鹽適量

高湯

- 鮑魚殼5個
- 乾辣椒1根
- 蔥綠20cm
- 水1又1/2杯（300ml）

1 在滾水（10 杯水＋ 1 大匙鹽）中放入義大利圓麵烹煮（參照包裝上時間），煮好以後將麵放進瀝水籃中瀝乾水分。

2 用料理刷將鮑魚刷洗乾淨，再把湯匙插進貝肉和外殼之間，挖出貝肉後剝下鮑魚內臟。將外殼和內臟分別裝好備用。

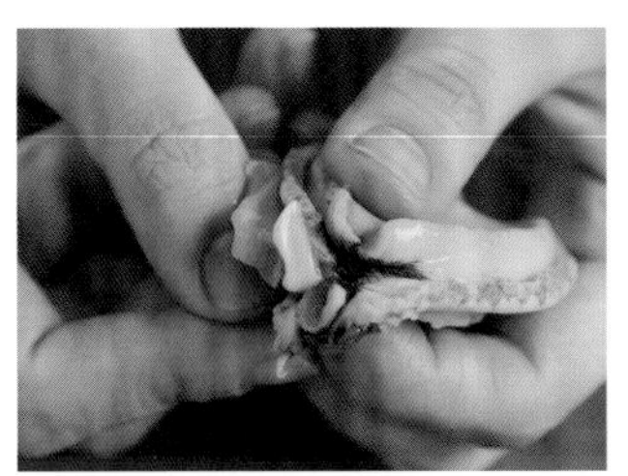

3 用剪刀稍微剪開鮑魚的口器部分，再捏住剪開的位置擠一下，去除鮑魚的牙齒。

4 將鮑魚肉平坦的部分朝下擺放，以刀劃出井字刀痕後，切成方便入口的大小。

5 把鮑魚內臟放入小碗中，用剪刀剪成碎塊；大蒜切片。
★內臟也可用食物調理機磨碎，或者依個人喜好刪減。

6 將所有高湯材料放入深鍋加熱，沸騰後蓋上蓋子，並轉為小火熬煮 10 分鐘，再過濾留下清湯。★煮好的高湯約為 1 杯左右，若不夠請再補上一些煮麵水。

7 在熱好的平底鍋中塗上橄欖油，放入大蒜以小火爆香 5 分鐘，再加入④的鮑魚肉，轉中火翻炒 3 分鐘。

8 放入鹽、⑥的高湯 1 杯及⑤的內臟，以中火加熱至沸騰後放入①的義大利麵，繼續翻炒 2 分鐘。

9 加入奶油和現磨黑胡椒，前後甩動平底鍋使其混合均勻，盛盤上菜。★味道不夠鹹可以此時再增加鹽分。

適合搭配
義大利麵享用的
配菜料理

香蒜麵包

最適合搭配義大利麵的香蒜麵包，直接吃就很美味，
但還可以用來沾盤子裡剩下的義大利麵醬汁，把整盤吃得一乾二淨。
基本上使用無鹽奶油，但如果用的是有鹽奶油，記得省略鹽的部分。

20~30
minute

10片份

- 長棍麵包15cm

蒜香奶油

- 置於室溫下的無鹽奶油5大匙（50g）
- 乾燥香草類（巴西里、羅勒等）1大匙
- 砂糖1/2大匙
- 蒜泥1又1/2大匙（15g）
- 煉乳（或玉米糖漿、寡糖糖漿）1大匙
- 鹽適量

1 將長棍麵包斜切為厚1.5cm的麵包片。

2 把蒜香奶油材料放入碗中攪拌均勻。

3 將完成的蒜香奶油抹在麵包片的某一面。

4 平底鍋熱鍋之後在鍋中放上③，以小火煎烤5～6分鐘並不時翻動，至麵包片呈金黃色。

★也可以將烤箱預熱170℃，把麵包放入烤箱中層烤7～8分鐘，烤至香酥金黃。

醋漬蘆筍

除了經常吃的醋漬小黃瓜之外，也可以試試加入檸檬增添清新香氣的醋漬蘆筍吧。只要一端上桌，不用額外裝飾就很有氣氛，將蘆筍插在玻璃杯中上菜更是充滿華麗氣息。

20~30
minute

可享用3～4次的分量

- 長棍麵包15cm

蒜香奶油

- 砂糖12大匙（120g）
- 醃漬用綜合香料（Pickling Spice）1大匙
- 鹽1/2小匙
- 醋1杯（200ml）
- 水3杯（600ml）

1 將玻璃容器放進鍋中加入蓋過罐口的水，放爐子上開火加熱煮至水滾約10分鐘，消毒後把瓶子倒過來擺放，使瓶內完全乾燥。或者洗乾淨後放烤箱以80～90℃烘乾。

★因為可能有燙傷風險，請務必戴上手套操作。

2 蘆筍削掉尾端和外皮後切成2等分；檸檬切薄片。

3 將蘆筍、檸檬片和義大利辣椒裝入玻璃容器中。

4 把所有醃漬醋材料放入深鍋中，以中火煮滾後繼續加熱2分鐘，並一邊攪拌至砂糖完全融化為止。

5 趁熱倒入③的容器內，等稍微冷卻之後放入冰箱冷藏，3天之後便熟成可以享用了。（可冷藏保存2週）

醋漬烤甜椒

完整保留甜椒香甜滋味的醃漬蔬菜。
將整顆甜椒用平底鍋烤熟，可以品嘗到獨特的風味。
直接吃或者斜切成一半都可以，繽紛的顏色能妝點出有活力的餐桌。

20~30 minute

可享用3～4次的分量

- 迷你甜椒約13個（400g）
- 大蒜10瓣（50g）
- 食用油2小匙

醃漬醋

- 月桂葉2片
- 砂糖10大匙（100g）
- 整顆黑胡椒粒1小匙
- 醋1又1/2杯（300ml）
- 水3杯（600ml）

1 將玻璃容器放進鍋中加入蓋過罐口的水，放爐子上開火加熱煮至水滾約10分鐘，消毒後把瓶子倒過來擺放，使瓶內完全乾燥。或者洗乾淨後放烤箱以80～90℃烘乾。

★因為可能有燙傷風險，請務必戴上手套操作。

2 將迷你甜椒清洗後瀝乾；大蒜對半切。

3 以大火預熱平底鍋，熱鍋後倒入食用油，放入甜椒以中火煎烤10分鐘，中途要用鍋鏟稍微按壓幾次，把烤甜椒烤到快要燒黑的的地步。接著加入大蒜，以同樣方式煎烤3分鐘，將兩面徹底煎成焦黃色。

4 把烤好的甜椒和大蒜均勻裝入玻璃容器中。

5 把所有醃漬醋材料放入深鍋中，以中火煮滾後繼續加熱2分鐘，並一邊攪拌至砂糖融化為止。

6 趁熱倒入③的容器內，等稍微冷卻之後放入冰箱冷藏，3天之後便熟成可以享用了。（可冷藏保存2週）

羅勒醬卡布里沙拉

和義大利國旗顏色相同的卡布里沙拉，是做法簡單的配菜沙拉之一。
可以把食材全部切成圓片，也可以將所有材料切塊後再拌上醬汁享用。

15~25
minute

- 番茄1個（150g）
- 新鮮莫札瑞拉起司1顆（125g）
- 羅勒葉5片（可省略）

醬汁

- 橄欖油2大匙
- 巴薩米克醋1又1/2大匙
- 檸檬汁1大匙
- 砂糖1/2小匙
- 鹽適量
- 現磨黑胡椒適量

1. 番茄切成厚0.7cm的圓片；新鮮莫札瑞拉起司切成厚0.5cm的圓片。
2. 把醬汁材料放入碗中攪拌均勻。
3. 將所有食材裝入盤中，淋上醬汁後再放上羅勒葉裝飾。

濃郁凱薩沙拉

請試試看用蘿蔓生菜搭配有蛋黃和鯷魚提味的沙拉醬吧。
這是一道擁有許多支持者的沙拉，適合搭配清爽的油醬基底義大利麵，
或番茄紅醬義大利麵。蘿蔓生菜要盡量保持冰涼，才能保留鮮脆的口感。

20~30
minute

- 蘿蔓生菜20片（或結球萵苣10片、沙拉用蔬菜等，100g）
- 培根2條（28g）
- 水煮蛋2個

凱薩沙拉醬

- 油漬醃鯷魚2尾（20g）
- 蛋黃1粒
- 現磨帕米吉阿諾乳酪約2大匙（或帕瑪森起司粉，12g）
- 檸檬汁（或醋）1大匙
- 美乃滋1大匙
- 芥末醬1/2大匙
- 砂糖1小匙
- 蒜泥1/2小匙

1 蘿蔓生菜用流動清水洗乾淨，將水分甩乾後先放進冰箱冷藏。
2 將培根切成0.5cm細絲；水煮蛋切成一口大小。
3 把凱薩沙拉醬的材料放入食物調理機中攪拌至細緻。
4 熱鍋後把培根絲放進平底鍋，用小火翻炒5分鐘。等培根變得酥脆之後，再把培根放在廚房紙巾上，吸除油份。
5 將蘿蔓生菜和③的凱薩沙拉醬裝盤，放上水煮蛋與培根。★也可依個人喜好撒上現磨帕米吉阿諾乳酪。

地中海風沙拉

將一口大小的蔬菜組合在一起，拌入清新醬汁的地中海風沙拉。
鮮脆的滋味配上義大利麵享用，能讓口中瞬間輕盈起來。
也可依個人喜好搭配起司條、菲達起司或新鮮莫札瑞拉起司。

15~25
minute

- 洋蔥1/6個（30g）
- 小黃瓜1/2條（100g）
- 黑橄欖5顆
- 小番茄10顆（或番茄1顆，250g）

醬汁

- 檸檬汁1大匙
- 橄欖油1大匙
- 鹽1/3小匙
- 寡糖糖漿1小匙
- 乾燥羅勒粉末
（或其他乾燥香草粉）1大匙
- 現磨黑胡椒適量

1 洋蔥切絲，然後泡在冷水中靜置40分鐘。待辛辣味降低後用濾網撈起瀝乾水分。
2 小黃瓜對半切後再切成1cm厚的小塊；黑橄欖沿長邊切成4等分。
3 小番茄切成4等分。
4 把醬汁材料放入大碗中攪拌均勻後，放入其餘所有食材輕輕攪拌，完成。

烤蔬菜醬沙拉

添加了大醬風味的醬汁，拌入節瓜、甜椒、茄子和杏鮑菇製成的獨特沙拉。
煎烤蔬菜的時候使用燒烤盤，便可以做出讓人食指大動的烤蔬菜沙拉。

20~30 minute

- 節瓜1/5條（或韓式節瓜，約100g）
- 甜椒1/2個（100g）
- 茄子1/2條（75g）
- 杏鮑菇1根（或香菇3朵，80g）

大醬沙拉醬

- 檸檬汁（或醋）1大匙
- 寡糖糖漿1大匙
- 橄欖油（或葡萄籽油）1大匙
- 蒜末1/2小匙
- 韓式大醬2小匙（若是傳統製法的大醬則1小匙）
- 現磨黑胡椒適量

1 節瓜切成長條狀，厚度約0.7cm。甜椒切成寬1.5cm條狀。
2 茄子和杏鮑菇切成1cm厚的條狀。
3 熱鍋後把節瓜放進平底鍋，開大火煎烤2分鐘，再放入甜椒，稍微翻動並煎烤1分鐘。
4 加入茄子和杏鮑菇，稍微翻動並煎烤2分鐘，關火，靜置放涼。
5 把大醬沙拉醬的材料放入大碗中混合均勻，再加入④輕輕攪拌，完成。

〔譯註3〕大醬就是韓國味噌，但味道和台灣常買得到的日式味噌稍有不同。至於韓國傳統製法的大醬（집된장）是自然複合菌式發酵，發酵期間較長，和市面的機器製程大醬比起來味道更鹹。

依筆畫順序

1～5畫

小章魚辣味細扁麵 p.122
土魠魚清炒細扁麵 p.175
牛排紫蘇籽白醬義大利麵 p.170
切達起司斜管麵 p.138
四川海鮮細扁麵 p.167
卡布里風細圓麵 p.98
玉米白醬麻花捲麵 p.146
奶油白醬義大利寬扁麵 p.062
半熟蛋義大利細扁麵 p.104

6～10畫

肉丸寬版鳥巢麵 p.124
豆腐義大利細圓麵 p.80
牡蠣白醬吸管麵 p.128
明太子奶油義大利細圓麵 p.86
明太子白醬義大利麵 p.126
長崎解酒義大利湯麵 p.174
泡菜白醬義大利麵 p.140
泡菜香蒜橄欖油義大利麵 p.70
波隆那肉醬千層麵 p.54
茄子大醬義大利麵 p.72
南瓜白醬寬扁麵 p.136
拱佐諾拉奶油義式麵疙瘩 p.64
飛魚卵培根細扁麵 p.142
香烤大蔥白醬細扁麵 p.134
香腸蒜苔義大利麵 p.108
香辣五花肉義大利麵 p.116
香蒜墨西哥辣椒麵 p.76
洋蔥湯義大利細圓麵 p.106
香蒜橄欖油義大利細圓麵 p.36
泰式炒義大利麵 p.182
拿坡里義大利麵 p.44
粉紅醬瑞可塔起司義大利餃 p.57
核桃白醬斜管麵 p.132
鬥魂義大利麵 p.148
烤鮭魚白醬義大利麵 p.163

11～15畫

莫札瑞拉起司焗烤麵 p.100
堅果蝴蝶結冷麵 p.162
培根蛋義大利細圓麵 p.60
甜椒麻花捲麵 p.78
黃太魚乾解酒義大利麵 p.82
煙花女義大利麵 p.50
黑芝麻鮮蝦墨魚麵 p.152
番茄蛤蜊義大利麵 p.102
番茄義大利麵 p.46
菠菜培根義大利麵 p.84
蛤蜊巧達濃湯貓耳朵麵 p.159
蛤蜊清炒義大利麵 p.40
煙燻鴨義大利細扁麵 p.118
塔可義大利冷麵 p.178
酪梨醬貓耳朵冷麵 p.96
辣味魚板義大利麵 p.90
辣味鮮蝦節瓜細扁麵 p.88
蒜香長腕章魚麵 p.171
漁夫義大利細圓麵 p.52
辣椒番茄斜管麵 p.48
辣雞粉紅醬寬扁麵 p.120
魩仔魚乾細圓麵 p.92
墨西哥辣肉醬斜管麵 p.114
墨西哥辣椒白醬寬扁麵 p.130
醃鯷魚義大利麵 p.38
蔘雞補身義大利麵 p.166

16～20畫

鮑魚蒜香義大利麵 p.183
橄欖醬義大利細圓麵 p.74
鮪魚番茄斜管麵 p.110
鮮蝦檸檬奶油細扁麵 p.179
雞肉咖哩細扁麵 p.94
雞胸芥末籽醬寬扁麵 p.150
蟹肉粉紅醬義大利麵 p.112
羅勒白醬蕈菇水管麵 p.144
羅勒青醬細圓麵 p.42
羅勒起司香醋義大利麵 p.158

依食材分類

蔬菜、水果
香蒜橄欖油義大利細圓麵 p.36
羅勒青醬細圓麵 p.42
羅勒白醬蕈菇水管麵 p.144
羅勒起司香醋義大利麵 p.158
番茄義大利麵 p.46
茄子大醬義大利麵 p.72
甜椒麻花捲麵 p.78
菠菜培根義大利麵 p.84
辣味鮮蝦節瓜細扁麵 p.88
酪梨醬貓耳朵冷麵 p.96
洋蔥湯義大利細圓麵 p.106
香烤大蔥白醬細扁麵 p.134
南瓜白醬寬扁麵 p.136
玉米白醬麻花捲麵 p.146

雞蛋、豆腐、鮪魚罐頭
半熟蛋義大利細扁麵 p.104
培根蛋義大利細圓麵 p.60
豆腐義大利細圓麵 p.80
鮪魚番茄斜管麵 p.110

香腸、培根、魚板、蟹味棒
拿坡里義大利麵 p.44
香腸蒜苔義大利麵 p.108
飛魚卵培根細扁麵 p.142
辣味魚板義大利麵 p.90
蟹肉粉紅醬義大利麵 p.112

肉類
雞肉咖哩細扁麵 p.94
雞胸芥末籽醬寬扁麵 p.150
辣雞粉紅醬寬扁麵 p.120
蔘雞補身義大利麵 p.166
煙燻鴨義大利細扁麵 p.118
波隆那肉醬千層麵 p.54
香辣五花肉義大利麵 p.116
肉丸寬版鳥巢麵 p.124
牛排紫蘇籽白醬義大利麵 p.170
塔可義大利冷麵 p.178

魚類、魚乾
漁夫義大利細圓麵 p.52
鮒仔魚乾細圓麵 p.92
小章魚辣味細扁麵 p.122
鬥魂義大利麵 p.148
黑芝麻鮮蝦墨魚麵 p.152
烤鮭魚白醬義大利麵 p.163
四川海鮮細扁麵 p.167
蒜香長腕章魚麵 p.171
長崎解酒義大利湯麵 p.174
土魠魚清炒細扁麵 p.175
鮮蝦檸檬奶油細扁麵 p.179
泰式炒義大利麵 p.182
黃太魚乾解酒義大利麵 p.82

牡蠣、貝類
牡蠣白醬吸管麵 p.128
蛤蜊清炒義大利麵 p.40
番茄蛤蜊義大利麵 p.102
蛤蜊巧達濃湯貓耳朵麵 p.159
鮑魚蒜香義大利麵 p.183

起司
卡布里風細圓麵 p.98
粉紅醬瑞可塔起司義大利餃 p.57
拱佐諾拉奶油義式麵疙瘩 p.64
莫札瑞拉起司焗烤麵 p.100
切達起司斜管麵 p.138

堅果
核桃白醬斜管麵 p.132
堅果蝴蝶結冷麵 p.162

泡菜、醃漬物類
泡菜白醬義大利麵 p.140
泡菜香蒜橄欖油義大利麵 p.70
醃鯷魚義大利麵 p.38
煙花女義大利麵 p.50
橄欖醬義大利細圓麵 p.74
香蒜墨西哥辣椒麵 p.76
墨西哥辣椒白醬寬扁麵 p.130
明太子奶油義大利細圓麵 p.86
明太子白醬義大利麵 p.126

其他
辣椒番茄斜管麵 p.48
奶油白醬義大利寬扁麵 p.62
墨西哥辣肉醬斜管麵 p.114

依義大利麵分類

天使髮絲麵

番茄義大利麵 p.46
塔可義大利冷麵 p.178

義大利細圓麵

香蒜橄欖油義大利細圓麵 p.36
羅勒青醬細圓麵 p.42
漁夫義大利細圓麵 p.52
培根蛋義大利細圓麵 p.60
泡菜香蒜橄欖油義大利麵 p.70
橄欖醬義大利細圓麵 p.74
豆腐義大利細圓麵 p.80
明太子奶油義大利細圓麵 p.86
魩仔魚乾細圓麵 p.92
卡布里風細圓麵 p.98
洋蔥湯義大利細圓麵 p.106
羅勒起司香醋義大利麵 p.158

義大利圓麵

醃鯷魚義大利麵 p.38
蛤蜊清炒義大利麵 p.40
拿坡里義大利麵 p.44
煙花女義大利麵 p.50
茄子大醬義大利麵 p.72
香蒜墨西哥辣椒麵 p.76
黃太魚乾解酒義大利麵 p.82
菠菜培根義大利麵 p.84
辣味魚板義大利麵 p.90
莫札瑞拉起司焗烤麵 p.100
番茄蛤蜊義大利麵 p.102
香腸蒜苔義大利麵 p.108
蟹肉粉紅醬義大利麵 p.112
香辣五花肉義大利麵 p.116
明太子白醬義大利麵 p.126
泡菜白醬義大利麵 p.140
黑芝麻鮮蝦墨魚麵 p.152
烤鮭魚白醬義大利麵 p.163
蔘雞補身義大利麵 p.166
牛排紫蘇籽白醬義大利麵 p.170
蒜香長腕章魚麵 p.171
長崎解酒義大利湯麵 p.174
鮑魚蒜香義大利麵 p.183

寬扁麵

奶油白醬義大利寬扁麵 p.62
辣雞粉紅醬寬扁麵 p.120
墨西哥辣椒白醬寬扁麵 p.130
南瓜白醬寬扁麵 p.136
鬥魂義大利麵 p.148
雞胸芥末籽醬寬扁麵 p.150

吸管麵

牡蠣白醬吸管麵 p.128

細扁麵

雞肉咖哩細扁麵 p.94
辣味鮮蝦節瓜細扁麵 p.88
半熟蛋義大利細扁麵 p.104
煙燻鴨義大利細扁麵 p.118
小章魚辣味細扁麵 p.122
香烤大蔥白醬細扁麵 p.134
飛魚卵培根細扁麵 p.142
四川海鮮細扁麵 p.167
土魠魚清炒細扁麵 p.175
鮮蝦檸檬奶油細扁麵 p.179
泰式炒義大利麵 p.182

寬版鳥巢麵

肉丸寬版鳥巢麵 p.124

短麵

辣椒番茄斜管麵 p.48
鮪魚番茄斜管麵 p.110
墨西哥辣肉醬斜管麵 p.114
核桃白醬斜管麵 p.132
切達起司斜管麵 p.138
甜椒麻花捲麵 p.78
玉米白醬麻花捲麵 p.146
酪梨醬貓耳朵冷麵 p.96
蛤蜊巧達濃湯貓耳朵麵 p.159
羅勒白醬蕈菇水管麵 p.144
堅果蝴蝶結冷麵 p.162

其他

波隆那肉醬千層麵 p.54
拱佐諾拉奶油義式麵疙瘩 p.64
粉紅醬瑞可塔起司義大利餃 p.57

風和文創、樂知事業生活、飲食、保健、美學、設計書系推薦

許嘉生／著

醱酵食光──麴の味

集科學、知識、實作、食品與傳統工藝兼備的麴醱酵導引

臺灣第一本專業職人執筆的自釀醱酵書！
58道麴の生活料理，詳實步驟＋行家才知道的製作黃金比例與製程冷知識

醱酵，不只是飲食的方式之一。
更是微生物作用下、先民維持健康與保存食物的智慧；
將「麴」與「醱酵」的科學、文化、釀造方式和食譜運用合一，
只要利用常見食材加簡單器具，即能帶來美味菜餚和健康療癒的雙重生活情趣。

林家揚博士／著

體質調理飲食法

中醫的日搭餐，黃金比例吃出平衡好健康

中醫不只要科學化、更要生活化！最完整的食物資料庫，
從古籍到多年的臨床研究中醫博士 × 西醫營養師教你食材神搭配

【隨書附贈】
超值實用蔬食、養生、藥理專家都必備的600種《食物性味宜忌小百科》。

AOI／著

如何從副食品邁向學齡

親子共享料理養出不挑食的孩子

23萬人訂閱的YT熱門料理頻道「AOI與孩子共享的魔法食譜」、點擊閱讀超過500萬次！
以「2大＋1小」的家庭人口為計算份量，搭配清淡健康的魔法調味，連0歲寶寶都可以一起吃，主食、配菜、飯麵直接搭配，使用微波爐、小烤箱也OK，連酥炸豬肝、涼拌青菜都能榮登好吃冠軍，是上班族爸媽最省時的料理書。
【隨書附贈】超實用影片示範

武建設／著

四季節氣好料理，142道自然養生菜

立秋清熱降燥、立冬吃苦喝水、大暑補氣健脾、清明滋肝養肺，來自漢學中醫的千年養生之道。順應二十四節氣、當令食材、對症改變體質，清腸排毒、改善過敏、降三高，調養健康抵抗力。

戴秀宇／著

孕媽咪都想要！按出好孕：
預約天使寶寶就從按摩開始

每個媽咪都想懷孕期間可以安心又放心，減緩期間各種不適症狀。作者以10多年孕婦按摩經驗，結合中醫逐月經絡養胎概念，倡導階段式按摩緩和保養備孕，每個月都有獨到的保養手法，同時每章段落小節添加小提醒，幫媽咪留意孕期要注意的大小事，讓孕媽咪從產前到產後修復，時時保持美麗與自信。

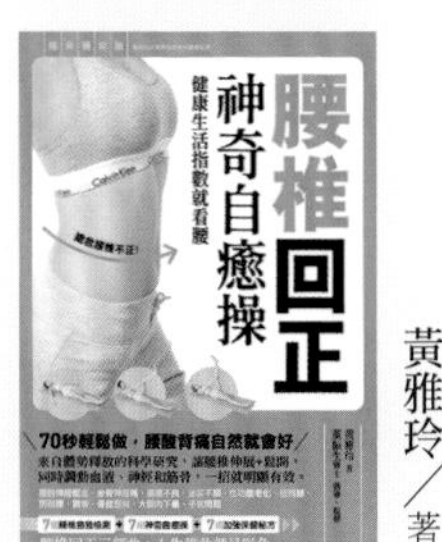

黃雅玲／著

腰椎回正神奇自癒操：
健康生活指數就看腰（經典暢銷版）

（原書：腰椎回正神奇自癒操 封面修訂版）
幸福生活就看腰的健康指數！
而90%的腰酸背痛，解決關鍵在肌肉與神經，
來自脊椎自癒操專家的研究實證，
寫給站也痛、坐也痛，躺著痛的你，
70秒的腰椎回正操矯正腰椎壓迫、還你青春靈活的好腰。

李啟彰／著

覺知鑑賞：
探索日本茶陶的美學意識

巔峰造極的唐物、來自朝鮮的高麗飯茶碗、和物中排名第一的樂燒，到當代名工的創作，千載間演繹著覺知審美的絕妙故事。
從心的感動提升到靈的感動，實踐「無我」來鍛造五感，透視日本茶道與禪相融合的審美精髓。
由器物藝評家、資深茶人與熟稔陶藝的畫師，攜手合作的日本茶陶鑑賞專書。

台灣衛浴文化協會／著

一起泡足湯吧！最解憂的療癒通用設計

一段療癒旅行從足浴開始說起，
從日本嵐山車站、SHARE金澤到北投衛戍醫院，一路感受足浴新樂趣！

跟著跨設計、醫學、建築、生活領域職人，學會用足湯啟動3段式療癒。忘憂、設計、氛圍，3段過程、3段療效，心靈、健康、養生多管齊下，和孤寂保持距離，一起設計好湯。

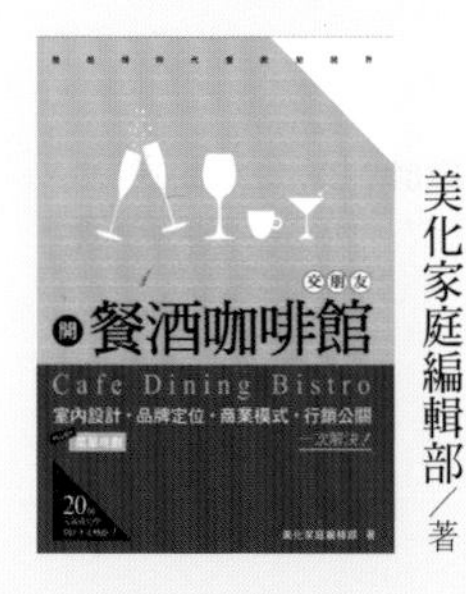

美化家庭編輯部／著

開餐酒咖啡館交朋友

一起來開餐酒咖啡館交朋友，設計、定位、公關、商模，一次輕鬆搞定，
不用走得步步驚心，發現開店也能很有趣。
無印風、復古、工業、懷舊、文青路線，空間設計也搞品牌文化！

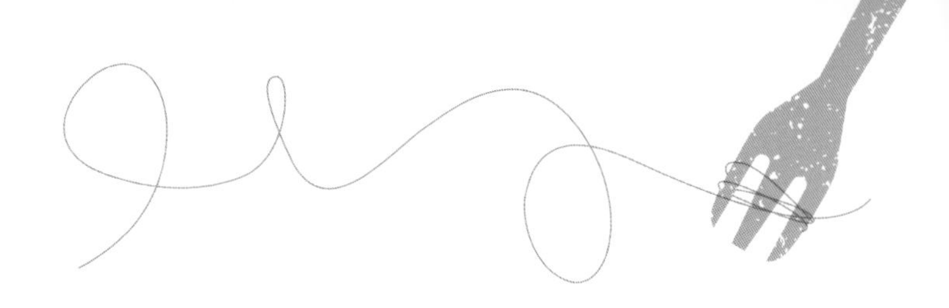

소박한 파스타

簡單又美味的義大利麵

讓人最想要收藏的食譜！介紹70道義大利麵、7種配菜料理，
詳細步驟圖搭配冷知識、食材故事與美味祕訣，在家跟著做輕鬆上手！

作　　者：超級食譜
譯　　者：徐小為
責任編輯：曹馥蘭
美術設計：藍聿昕、王慧傑

總 經 理：李亦榛
特別助理：鄭澤琪

出　　版：樂知事業有限公司
電　　話：（02）2755-0888
傳　　真：（02）2700-7373
網　　址：www.sweethometw.com
E m a i l：sh240@sweethometw.com
地　　址：臺北市大安區光復南路 692 巷 24 號 1 樓

總 經 銷：聯合發行股份有限公司
電　　話：（02）2917-8022
地　　址：新北市新店區寶橋路 235 巷 6 弄 6 號 2 樓

印　　刷：兆騰印刷設計有限公司
電　　話：（02）2228-8860

初版一刷：2023 年 11 月
定　　價：420 元

※ 註譯為繁體中文版編輯與譯者補充

國家圖書館出版品預行編目資料

簡單又美味的義大利麵：讓人最想要收藏的食譜！介紹70道義大利麵、7種配菜料理，詳細步驟圖搭配冷知識、食材故事與美味祕訣，在家跟著做輕鬆上手！
超級食譜著. -- 初版. -- 臺北市：樂知事業有限公司, 2023.10
面；　公分
ISBN 978-626-97564-2-1(平裝)

1.CST: 麵食食譜 2.CST: 義大利
427.38　　112015596